世界名人给青少年上的哲理课

胡宝林　编著

光明日报出版社

图书在版编目（CIP）数据

世界名人给青少年上的哲理课 / 胡宝林编著 . ——北京：光明日报出版社，

2011.6（2025.4 重印）

ISBN 978-7-5112-1112-5

Ⅰ.①世… Ⅱ.①胡… Ⅲ.①人生哲学—青年读物 ②人生哲学—少年读物

Ⅳ.① B821-49

中国国家版本馆 CIP 数据核字 (2011) 第 066125 号

世界名人给青少年上的哲理课

SHIJIE MINGREN GEI QINGSHAONIAN SHANG DE ZHELI KE

编　　著：胡宝林

责任编辑：温　梦 李　娟　　　　　责任校对：映　熙
封面设计：玥婷设计　　　　　　　　责任印制：曹　诤

出版发行：光明日报出版社
地　　址：北京市西城区永安路 106 号，100050
电　　话：010-63169890（咨询），010-63131930（邮购）
传　　真：010-63131930
网　　址：http://book.gmw.cn
E－mail：gmrbcbs@gmw.cn
法律顾问：北京市兰台律师事务所龚柳方律师

印　　刷：三河市嵩川印刷有限公司
装　　订：三河市嵩川印刷有限公司
本书如有破损、缺页、装订错误，请与本社联系调换，电话：010-63131930

开　　本：170mm×240mm
字　　数：210 千字　　　　　　　　印　张：15
版　　次：2011 年 6 月第 1 版　　　印　次：2025 年 4 月第 4 次印刷
书　　号：ISBN 978-7-5112-1112-5-02
定　　价：49.80 元

PREFACE

前 言

  青少年朋友，或许你们还是天真烂漫的学子，身处宁静的象牙塔，但很快，你们将踏入社会——一个不同于校园的复杂世界。为此，你们做好准备了吗？或许你们已告别校园，在现实生活的舞台上扮演着一个角色，但园里园外巨大的反差一定让你们一时还难以适应，于是产生诸多消极情绪，以致不能正确地面对现实人生，在苦涩中虚度青春。在这人生的关卡上，你是否强烈渴望有人为你指点迷津？

  青少年在校园里完成了一定程度的文化教育，掌握了某一方面的专门知识和技能，但这距离真正意义上的"完整的人"还十分遥远。一个人掌握知识、拥有学问并不困难，难的是要学会控制自己的情绪，树立正确的人生态度，从而适应社会，在现实中发挥专长，迈向卓越。然而，我们的学校教育大多只侧重于知识的传授和智力训练，即使在哈佛大学的课堂里也没有开设有关处世哲学的课程。我们过分迷信智力决定论，认为谁的智力高谁就能成功。但另一方面，我们不得不面对一个个完全相反的事实：清华大学高才生刘海洋在公园用浓硫酸泼熊；某医科大学高才生用治病救人的医术杀害女友；许多国内高等院校的学生因不堪各种压力跳楼自杀，或因一点小事愤然用刀砍伤砍死同学的事件也时有所闻……太多天之骄子的荒唐言行实在让人们震惊。还有一些青年，在校时成绩优异，意气风发，深受教授好评和器重，被认为前途无量，但走出校门后，由于适应能力差，经常抱怨与人难以相处，不能得到上司赏识，没有正确调整自己的心态，稍经挫折便悲观失望，怨天尤人，以致碌碌无为，潦倒终生，甚至有些人由于心态失衡而走上歧途。倒是一些原本资质平平的学生，走入社会后，谦虚谨慎，踏实肯干，善于把握和调整自己的情绪，善于处理与周围人的关系，经过五年八年，竟做出一番成绩来。曾有人追踪 1940 年哈佛大学的 95 位学生中年时的成就，发现当年在校考试成绩最高的在薪水、生产力、本行业位阶等方面并非最为突出，对生活、人际关系、家庭、爱情的满意程度也不是最高的。由此可见，学校里的成绩优劣、智力的高低并不是决定我们最终是否成功的关键因素。事实上，有研究表明，人一生的成就只有 20% 归功于智力和技能，而 80% 得归功于处世能力。因此，学校教育至多完成了我们人生教育的 20%，另外 80% 还得靠青少年通过自我教育来完成。

智者曾说，愚笨的人熬过痛苦以后就忘却了经验，平庸的人以自己的痛苦换取经验，而聪明的人却能够把他人的经验拿来利用。何不做一个聪明人呢？这样你能少走许多弯路了。

世界名人已影响了一代又一代人，经过时间的沉淀，他们的许多至理名言已被生活验证，从中我们可以很方便直接地学到许多东西。荀子说："君子生非异也，善假于物也。"沿着先行者的脚印前进，我们可以躲过许多陷阱，从而走得更远；领会众多智者贤人的胸藏韬略，我们将处世游刃有余；站在巨人的肩上，我们将拥有更开阔的视野。

为此，本书精心选取莎士比亚、麦克阿瑟、牛顿、贝多芬、弥尔顿、戴尔·卡耐基等各个领域的世界名人讲述的人生哲理，分为八大类别，内容涵盖美德、心态、习惯、求知、目标、技巧、交际等生活的方方面面，并以现实生活中的生动事例进行深入浅出的阐发和演绎。希望这些名人能为青少年树立良好的榜样，帮助青少年尽快掌握处世法则，适应社会，成为真正意义上的"完整的人"。

C O N T E N T S

目 录

◎ 生活，需要我们用心经营

的行为。

——莎士比亚

◎ 美德，让你的灵魂闪光

◎ 心态，左右你的一生

最困难的时候，也是我们离成功不远的时候。

——拿破仑

请觉悟"与人共同生活"的重要性，常怀感恩的心，以不忘恩、不忽略感谢、尊重义气的心与人相交往。

——松下幸之助

◎ 习惯，决定我们的命运

习惯一旦培养成之后，便用不着借助记忆，很容易地、很自然地就能发生作用了。

——洛克

要想获得成功，应当满足于从小处着手。

——诺贝尔

对悬崖峭壁，一百年也看不出一条缝来，但用斧凿，能进一寸进一寸，能进一尺进一尺，不断积累，飞跃必来，突破随之。

——华罗庚

让我们不要祈求免遭危难，只让我们能大胆地面对它们。

——泰戈尔

反省是一面莹澈的镜子，它可以照见心灵上的污秽。

——高尔基

◎ 知识，让我们变得强大

◎ 成功，是对自我价值的肯定

◎ 技巧，让事情变得简单

◎ 成为一个受欢迎的人

么人。

——歌德

友谊的支柱是尊敬与依赖之心，是永不背叛朋友的诚实，以及为了一个崇高的理想而共同冲破苦难的勇气。

——池田大作

当朋友静默的时候，你的心仍要倾听他的心，因为在友谊里，不用言语，一切的思想，一切的愿望，一切的希冀，都在无声喜乐中发生而共享了。

——纪伯伦

人性深处，无不渴望被赞赏。

——威廉·詹姆士

人人都能因被人认识而得益。

——莫洛亚

扫码获取更多资源

生活，需要我们用心经营

拒绝依赖，自立让你自强

> 依赖的习惯，是阻止你步向成功的一个个绊脚石，要想成大事，你必须把它们一个个踢开。
>
> ——比尔·盖茨

勇敢地驾驭自己的命运，而不要依赖他人，学会独立，让自己尽快成熟起来。

一位父亲和他的儿子出征打仗。父亲已做了将军，儿子还只是马前卒。又一阵号角吹响，战鼓擂响了，父亲庄严地托起一个箭囊，其中插着一支箭。郑重地对儿子说："这是家传宝箭，佩戴在身边，你将力量无穷，但千万不可抽出来。"

那是一个极其精美的箭囊，厚牛皮打制，镶着幽幽泛光的铜边儿，再看露出的箭尾，一眼便能认定是用上等的孔雀羽毛制作的。儿子喜上眉梢，贪婪地推想箭杆、箭头的模样，耳旁仿佛嗖嗖的箭声掠过，敌方的主帅应声折马而毙。

果然，佩戴宝箭的儿子英勇非凡，所向披靡。当鸣金收兵的号角吹响时，儿子再也禁不住得胜的豪气，完全背弃了父亲的叮嘱，强烈的欲望驱使着他拔出宝箭，试图看个究竟。骤然间他惊呆了——一支断箭，箭囊里装着一只折断的箭。

"我一直带着断箭打仗呢！"儿子吓出了一身冷汗，仿佛顷刻间失去支柱的房子，轰然坍塌了。

结果不言自明，儿子惨死于乱军之中。

拂开蒙蒙的硝烟，父亲拣起那柄断箭，沉重地说道："不相信自己的意志，永远也做不成将军。"

把胜败寄托在一支箭上，多么愚蠢！而当一个人把生命的核心交给别人，又多么危险！而把希望寄托在父母身上；把幸福寄托在朋友身上；把生活保障寄托在家人身上……绝非是万无一失的。依赖与惰性是阻碍你奋进的一大绊脚石。

为了训练小狮子的自强自立，母狮子故意将它推到深谷，使其在困境中挣扎求生。在残酷的现实面前，小狮子挣扎着一步一步从深谷之中走了出来。它体会到了"不依靠别人，只能凭借自己的力量前进"，它逐渐成熟了。

当你迈入独立的18岁门槛，就要开始勇敢地驾驭自己的命运，而不要依赖他人，像小狮子一样，应当尽快成熟起来。

但遗憾的是，现在的很多年轻人，都有依赖的习惯，一旦有了拐杖，他们就不想自己走路；一旦有了依赖，他们就不想独立了。可是一个人不学会独立，又怎能在将来激烈的社会竞争中立足呢？

拥有独立自主的个性和自立能力，是立足社会、参与竞争的基础。人，要靠自己活着，而且必须靠自己活着，在人生的不同阶段，要尽力达到理应达到的自立水平，拥有与之相适应的自立精神。你即将或者已经18岁了，你将独自步入社会，参与竞争，你会遭遇到远比学习生活复杂得多的生存环境，随时都可能面对你无法预料的难题与处境。

你只有依靠顽强的自立精神，才能克服重重困难，坚持前进。

美国总统约翰·肯尼迪的父亲从小就注意对儿子独立性格和精神状态的培养。有一次他赶着马车带儿子出去游玩。在一个拐弯处，因为马车速度很快，猛地把小肯尼迪甩了出去。当马车停住时，儿子以为父亲会下来把他扶起来，但父亲却坐在车上悠闲地掏出烟吸起来。

儿子叫道："爸爸快来扶我。"

"你摔疼了吗？"

"是的，我自己感觉已站不起来了。"儿子带着哭腔说。

"那也要坚持站起来，重新爬上马车。"

儿子挣扎着自己站了起来，摇摇晃晃地走近马车，艰难地爬了上来。

父亲摇动着鞭子问："知道为什么让你这么做吗？"

儿子摇了摇头。

父亲接着说："人生就是这样，跌倒、爬起来、奔跑，再跌倒、再爬起来、再奔跑。在任何时候都要全靠自己，没人会去扶你的。"

只有自主的人，才能傲立于世，才能力超群雄，也才能开拓自己的天地，得到他人的认同。勇于驾驭自己的命运，学会控制自己，规范自己的情感，善于分配自己的精力，自主地对待求学、择业、择友，这是成功的要义。如果总是任人摆布自己的命运，让别人推着前行，摆脱不了对别人的依赖，那么，你将永远是一个弱者。

要驾驭命运，从近处说，要自主地选择学校，选择书本，选择朋友，选择服饰；从远处看，则要不被种种因素制约，自主地选择自己的事业、爱情和大胆地追求崇高的精神。

你的一切成功，一切造就，完全决定于你自己。

有时候我们确实需要别人的帮助，但如果将别人的帮助当成了一种依靠，就势必会形成一种懒惰的习惯。对于一个杰出的人来说，他的选择是："舍弃依靠，自己去奋斗。"

环顾四周，不难发现，有许多无亲友扶助、从贫困地区走出的人，获得了重要的地位，有了让人羡慕的生活。他们的成功足以使那些家境富裕、关系无限却"默默无闻"的青年自惭形秽。

当然，外界的扶助、有所依靠，有时也是一种幸福。毕竟依赖他人，靠着家人来生活，跟随他人，靠着人家来策划，比自己动手、动脑去谋生、策划来得轻松。但不可否认的是，"依赖心理"带给人们的弊远大于利。

俗语说："一生依赖他人的人，只能算半个人。"

真可谓是一针见血的评断！

不难想象"半个人"，无论从智力还是体力上，都是敌不过"全人"的。

有一个人，遇上了难事，就去庙里求菩萨。她跪拜在菩萨像面前，忽然发现旁边跪着一个人，非常眼熟，正是菩萨。

她不禁问："你这是……"

菩萨笑着说："我这是自己求自己啊。"

求人不如求自己。如果你不想失败，不想做他人耻笑的"半个人"，就打消你心中"依赖他人生存"的念头吧，给自己找个职业，让自己独立起来。只有这样，你才会真正地体会到自身价值，才会感到无比幸福。如果你不丢弃这种可怜的想法，即使你怀有雄心和自信力，也未必会发挥出所有的能力，获得更大的成功。

所以说，供给你金钱、让你依靠的人，并不是你的好朋友，唯有鼓励你独立的人，才是你真正的好朋友。

人，要靠自己活着，而且必须靠自己活着，在人生的不同阶段，尽力达到理应达到的自立水平，拥有与之相适应的自立精神。这是当代人立足社会的根本基础，也是形成自身"生存支援系统"的基石，因为缺乏独立自主个性和自立能力的人，连自己都管不了，还能谈发展、成功吗？

陶行知告诉我们："淌自己的汗，吃自己的饭，自己的事自己干。靠天靠人靠祖宗，不算是好汉。"

"自助者，天助之"，这是一条屡试不爽的格言，它早已被漫长的人类历史进程中无数人的经验所证实。自立的精神是个人真正的发展与进步的动力和根源，它体现在众多的生活领域，也成为国家兴旺强大的真正源泉。从效果上看，外在帮助只会使受助者走向衰弱，而自强自立则使自救者兴旺发达。

要想成为生活中的强者，只有身体健康和智力发达还是远远不够的，如果连自立的能力都没有，连基本的生活都不会自理，又如何能自强呢？要知道，自立是自强的基础。所以说，自立自强是我们品格优秀的一个很重要的因素，是不可缺少的。

从 21 世纪人才的竞争来看，社会对人才的素质要求是很高的，除了具备良好的身体素质和智力水平，还必须具备很强的生存意识和能力、很强的竞争意识和能力、很强的科技意识和能力以及很强的创新意识与能力。这就要求我们从现在开始就注重对自己各方面能力包括自立能力的培养，只有使自己成为一个全面的、高素质的人，才可能在未来的竞争中站稳脚跟，取得成功。

人若失去自己，是一种不幸；人若失去自主，则是人生最大的缺憾。赤橙黄绿青蓝紫，谁都应该有自己的一片天地和特有的亮丽色彩。你应该果断地、毫无顾忌地向世人宣告并展示你的能力、你的风采、你的气度、你的才智。在生活道路上，必须善于做出抉择，不要总是踩着别人的脚印走，不要总是听凭他人摆布，而要勇敢地驾驭自己的命运，调控自己的情感，做自己的主宰，做命运的主人。

善于驾驭自我命运的人，是最幸福的人。只有摆脱了依赖，抛弃了拐杖，具有自信，能够自主的人，才能走向成功，自立自强是走入社会的第一步，是进入成功之门的金钥匙。

＞名 人 简 介＜

比尔·盖茨，1955年10月28日出生在美国西雅图，18岁进入哈佛大学法律系，19岁退学，与同伴创办电脑公司，后改名微软公司，自任董事长、总裁兼首席执行官。盖茨被誉为电脑奇才、20世纪最伟大的计算机软件行业巨人。36岁成为世界最年轻的亿万富翁。1999年《福布斯》公布富豪榜，盖茨居世界亿万富翁首位，纯资产850亿美元，被《时代》周刊评为在数字技术领域影响重大的50人之一。

健康是成长的阳光雨露

> 　　一个人只要健康，什么事情都可以办到。我一向认为，即使孩子过着极其平凡的生活，只要身体健康，幸福就在他们的身边。
>
> 　　　　　　　　　　　　　　　——顾拜旦

　　身心健康是人生最基本的，也是最重要的条件，更是从事任何行业的最大本钱。

　　从前有一位商人，在一家宾馆里作了登记，当商人要进他的房间时，不小心摔了一跤，跌断了腿。宾馆派车把他送到了附近的一家医院。住院后医生给他接合了伤腿。几个月后他可以走动了，医生允许他回家休养。

　　在家里，商人经家庭医生的护理后，他似乎感觉恢复了健康，其实他的腿并没有好。有一天家庭医生告诉商人，他的腿日趋恶化，有可能成为一个跛子，商人听后立刻就站不起来了。并且从此不问工作，整日消沉，陷入对残疾的恐惧中。

　　商人之所以这样，是因为他对自己的健康没有信心，他在心里彻底绝望了。

　　一天，商人的朋友来看望他，得知事情的真相后，说："总有一种方法能治好你的腿，不要怀疑，立即行动。"并替他马上联系了一家医院。

商人在那家医院得到了很好的治疗。不久之后，他的腿伤就痊愈了。

强健的心理、情绪与精神，都来自健壮的身体，假如你想功成名就，首先，就要关注自己的健康问题。因此，在你能够出人头地之前，首先需要学习的一个简单而重要的课题，就是让你自己体格强壮的能力。因为只有一个身体健壮的人，才能具有精明的脑子和旺盛的精力，没有好的身体，什么也甭想实现。简单地说，身体健康是一个人获得成功的"硬件"，一个人成功的基础是身体健康。

可现代人最容易犯的一个毛病，就是对于已经拥有的东西不怎么珍惜，而将要失去时才知道挽留。这一点在对待健康方面体现得最为明显。当一个人无病无灾时，他总觉得自己是"铁打"的机器人，可以不吃不喝一天干它24小时。这种情况多体现在年轻力壮的青年人身上，因为年轻，他们不懂得爱惜自己的身体，天天为赚钱而奔波，逐鹿争雄，总想着出人头地。不过，当到了一定的岁数，精神和体力都会明显衰退。到了百病缠身时，他们可能要花上大量的时间用来休养，用无数的金钱进行治疗。其实，如果在年轻时就注意自己身体的保养，也可能用不了多少时间和金钱，你就会拥有一个强健的体魄。

健康是生命之源，失去了健康，生命会变得黑暗与悲惨；失去了健康会使你对一切都失去兴趣与热诚。能够有一个健康的身体，一种健全的精神，并且能在两者之间保持美满的平衡，这就是人生最大的幸福！

人们站在生命的门槛上，如此清新、年轻、充满希望，清醒地意识到自己拥有应付一切危机的力量，知道自己是世界的主人，还有什么能比这样的状态更重要呢？一个年轻人的荣耀就在于他的力量。任何形式的虚弱都会贬低他、压抑他，使他变得不完整，这是一种残缺。无论这种虚弱是精力、活力、意志力还是体力的欠缺，即使是勤奋的习惯也无法消除它，而愧疚则更不能遮盖它。

世界上最强烈和最细微敏锐的感觉，就是感到自己有能战胜困难的勇气和决心。而生命中最重要的奖赏则是健康、坚强和健壮。人并不是必须具有很大的块头和威武的外表，但应该具有旺盛的生命力和巨大的精神力量。这种东西体现在布瑞汉姆连续工作176个小时的努力中；体现在拿破仑24小时不离马鞍的精神中；体现在富兰克林70岁高龄还露营野外的执着中；体现在格莱斯顿 84 岁高龄每天行走数公里的愉悦中。上述种种，成就了生命中最重要的东西。

充沛的体力和精力是伟大的事业的先决条件，这是一条铁的法则。虚弱、没精打采、无力、犹豫不决、优柔寡断的年轻人，虽有可能过上一种令人尊敬和令人羡慕的高雅生活，但是他在职场中晋升的空间有限，很难成为一个领导者，也几乎不可能在任何重大事件中走在前列。

据说，有这样一位花花公子，他的四肢非常孱弱，以至于他根本没有任何支撑自己的力量。如果这样的人能开创一番事业或者成为某一行业的状元的话，简直就是无稽之谈。尽管身体虚弱的人有时的确也能成就流芳百世的丰功伟绩，但这毕竟是极其罕见的。

有什么成就能与健康相提并论呢？"不管是整块的黄金还是数百万的财产，与健康相比又算得了什么呢？"卡莱尔曾这样问爱丁堡的学生。这正是他自己糟糕的健康状态引发的对残缺生活的一种痛苦感，也正是因为他无力完成自己膨胀的雄心催促他去做的许多事情，而产生出的强烈感受，使他大声呼喊出这样的话语。

米开朗琪罗在他伟大的绘画作品中，无论是描绘天堂还是地狱，无一不体现出强大的身体力量，这就是意大利人对身体力量的热爱与崇拜之情。

不良的身体，衰弱的精神，真不知造成了天下多少悲剧，破坏了天下多少家庭。

身体和精神是息息相关的。一个有一分天才的身强体壮者所取得的成就，可以超过一个有十分天才的体弱者所取得的成就。

我们需要有一个健康而强壮的身心。这是可以做到的，只要我们能够过一种有节制、有秩序的生活。

拥有健康并不能拥有一切，但失去健康却会失去一切。健康不是别人的施舍，健康是对生命的执着追求。

体力与事业的关系非常密切。人们的每一种能力，每一种精神机能的充分发挥，与人们的整个生命效率的增加，都有赖于体力的旺盛。

体力的强旺与否，可以决定一个人的勇气与自信的有无；而勇气与自信，是成就大事业的必需的条件。体力衰弱的人，多是胆小、寡断、无勇气的人。

要想在你的一生中取得成功，最重要的一点是每天都要以一副身强力壮、精力饱满的身体去对付一切。那种以有气无力、萎靡不振的躯体去对付一切的人，永远不可能取得胜利。

有这样一位大公司经理：每天在办公室中至多只待两三个小时，他经常出外旅行、休息，以更新他的身心。他充分意识到，只有经常保持身心的清新、精壮，才能在事业上达到最高的效率。他不愿像许多人一样，在过度的工作中摧残自己的身心，拖垮自己的力量。

因为这样，他在事业上取得了成功。他不在办公室则已，只要一进办公室，就立刻能生龙活虎般地处理事务。由于他身心健康，所以办事十分敏捷而有力。他的工作效率很高。他在三小时内工作的成绩，要超过别人八九小时，甚至夜以继日工作的结果。

一个生活有节制的人，有充沛的生命力抵抗各种疾病，渡过各种难关，应付各种打击；相反，一个在平日把气力耗尽、活力用竭的人，却经不起一点儿的打击。

有些人有奇异的天赋，但最终只取得微小的成功，就因为他们在无意中损伤了自己的成功机器，就因为他们不能供给必要的动力来启动那机器。世间有千千万万个人，就因为对于身体不曾注意与留心，以致壮志未酬，饮恨殁世！他们毁掉了自己有所作为的可能性。他们的生活变得枯燥而乏味，他们在身心正该精壮的时候，却已经是"老态龙钟"了，以致"壮志未酬"，这该是人世间最悲惨的事情。

人，只有在身心健康、精神舒畅的状况下，才有旺盛的进取心，才能发挥雄厚的潜能，开创美好的人生。

所以，《圣经》上说："世上没有比健康更好的财富，没有比内心快乐更大的快乐。"我们生活中也常常说："健康就是财富。"最大的财富，当然是永葆身心的舒畅。

生理健康与心理健康是息息相关的。当我们承认精神影响肉体，而肉体也会影响精神的倾向之事实时，对二者的关系就更为了解了。经验告诉我们：当我们紧张、焦虑和沮丧的时候，会感到身体不适；同样的，在生理上有病痛时，也会使人感到精神郁闷、沮丧和焦虑。

一个人所能实施的最大、最聪明的做法就是在身体中储藏起最旺盛的生命力，储藏起最大量的体力与精力以获得成功，剥削自己能够给予我们体力与精神的应有的供给，无异于杀掉可以替我们产金蛋的鸟。

没有哪一件东西比我们的体力与精力更为宝贵！所以我们必须不惜任何代价，以获得与拥有它们。

洛伦兹·弗尔教授是一位知名学者，他活了85岁。在总结自己长寿经验时，他说了这么几条："努力工作，但任务不要太繁重；要避免焦虑感和恼怒。尽可能以和你的性情相符的方式来生活，充分利用上天赋予你的才能。尽量不要生活在太大的压力之下。考虑到你的金钱和力量，要量力而行。一日三餐，要进食水果、蔬菜、谷类、鸡蛋和牛奶。从一开始就要成为严格的戒酒者，并且要终生保持这一好习惯。不要抽烟。要进行有规律的日常锻炼。记住，保持清洁几乎是神圣的。不要喝浓咖啡或者浓茶。感到疲倦想睡觉时就睡觉，每个星期至少有一天用来休息。如果你做到了上述这些，十之八九，你会长寿。"

每个人都希望长命百岁，但却很少人关心自己的健康，这是很奇怪的事。如果在你得到第一辆汽车的时候，有人告诉你，这将是你今生唯一的一辆车，必须陪你度过一生，你会十分细心地照顾这部车。而你的身体也是一样，你只有这一个身体，为什么不好好地珍惜呢？也许你的人生中有很多理想，但若没有了生命，这些理想无异于空中楼阁。所以，不论什么时候，健康都是你最重要的资本。

健康面前人人平等！只要我们珍惜自己，努力去过健康的生活，我们一定能拥有这一宝贵财富！

＞名 人 简 介＜

顾拜旦(1863年—1937年)，法国著名教育家，近代奥林匹克运动创始人。他的杰出成就主要在学生教育方面和社会竞技运动方面。1889年5月，他利用万国博览会召开体育会议和学生运动会。1892年，他呼吁复兴奥林匹克运动。之后于1894年6月成立了奥林匹克委员会，并于1896年在雅典召开了第一届奥林匹克运动会。由于他对奥林匹克不朽的功绩，被誉为"奥林匹克之父"。

有规律的生活让我们受益匪浅

> 　　生活有规律，饮食有节制，健身能持久，这是我的长寿经验。
>
> 　　　　　　　　　　　　　　　　　　　　　　——巴金

　　生活如果没有规律，会把我们弄得焦头烂额，而有规律的生活，则会让我们受益匪浅。

　　德国哲学家康德活了 80 岁，在 19 世纪初算是长寿老人了。医生对康德作了极好的评述："他的全部生活都按照最精确的天文钟作了估量、计算和比拟。他晚上 10 点上床，早上 5 点起床。接连 30 年，他一次也没有错过点。他 7 点整外出散步。哥尼斯堡的居民都按他来对钟表。"据说康德生下来时身体虚弱，青少年时经常得病。后来他坚持有规律的生活，按时起床、就餐、锻炼、写作、午睡、喝水、大便，形成了"动力定势"，身体从弱变强。生理学家也认为，每天按时起居、作业，能使人精力充沛；每天定时进餐，届时消化腺会自动分泌消化液；每天定时大便，能防治便秘；甚至每天定时洗漱、洗澡等都可形成"动力定势"，从而使生物钟"准时"。谁若违背了这个生物钟，谁就要受到惩罚。

　　某著名养生专家认为：人体的一切生理活动都是起伏波动的，有高潮也有低潮。人体内有一个"预定时刻表"在支配着这些起伏波动，养生专家们称之为"生物钟"。人体血压、体温、脉搏、心跳，神经的兴奋抑制，激素的分泌等 100 多种生理活动，是生物钟的指针，反映了生物钟的活动状态。人体各器官的机能是按"生物钟"来运转的。"生物钟"准点是健康的根本保证，而"错点"则是柔弱、疾病、早衰、夭折的祸根。

良好的作息规律，意味着要顺应人体的生物钟，按时作息，有劳有逸；按时就餐，不暴饮暴食；适应四季，顺应自然；戒除不良嗜好，不伤人体功能；尤其要保持足够的睡眠，保证每天有一定的体育锻炼时间。

有句话说得好："从一点一滴的小事可以看见一个人未来的发展。"一个人要做点事，成就一番事业，没有好的习惯是不行的。严格遵守作息制度，可以使我们在学习时集中精力，因而可以提高效率。因此，生活有规律对学习、工作和保护神经系统以及整个身心健康都很有益处。

如果能根据人体的生物钟安排作息时间，使生活节奏符合人体的生理自然规律，这样就可以保持充沛的精力，不容易得病。

不同的人，其生物钟的规律是不一样的，大致分三类：昼型、夜型、中间型。对于青少年来说，正处在身心发展时期，不管生物钟是什么类型，都应当取得这样一个共识：上午 8 点开始，要进入学习，白天的学习任务安排得满满当当。如果过分强调夜型特点，非通宵达旦学习不可，等太阳升起来，你却要倒床睡觉了，而课堂学习对青少年来说是非常重要的。所以青年学生不应该过于强化自己的生物钟类型，而应该适应课堂学习的规律。

保持足够的睡眠对人体的精力和健康也是至关重要的。据研究，科学的睡眠时间是：小学阶段 7 至 12 岁的学生每天的睡眠应该为 9-10 小时，初、高中阶段为 8-9 小时。有些学生在临考前常常挑灯夜战，晚睡早起。这种做法虽可以理解，但由于挤占睡眠时间太多，从而使睡眠时间太短，大脑得不到应有的休息，结果就会影响大脑的反应敏感度、记忆力、思维能力，也影响人的心理情绪。这样学习效率不会很高，考试时的状态也不一定能达到最佳，常常是得不偿失。

如果你的"生物钟"的运转和大自然的节律合拍融洽，就能"以自然之道，养自然之身"。

目前，医学专家公认"生物钟"是自然界的最高境界，因为从古至今，健康长寿者的"养生之道"虽然千差万别，但生活有规律这一条却是共同的。

现在很多年轻人通宵看电影，通宵泡吧，这是非常不健康的一种行为，因为通宵熬夜会使你的生物钟"错点"，表面上看没什么变化，但导致身体激素分泌紊乱，体力变化极大。如此日积月累，"错点"便会在身上产生反应，患病也就成为必然的了。

良好的作息规律还表现在饮食习惯上。青少年正处于身体发育时期，新陈代谢旺盛，对营养要求摄入全面，需要量相对于成人来说更大。因此，良好的饮食习惯对于保持身体的健康发育，其意义是不言而喻的。

良好的饮食习惯包括营养全面，膳食平衡，定时定量进食，不暴饮暴食、偏食挑食、盲目节食，也不贪吃零食。

青少年尤其要注意早餐问题，养成吃早餐的良好习惯。俗话说："早餐要吃好，中餐要吃饱，晚餐要吃少。"这是人们在长期生活中积累起来的经验。但遗憾的是许多青少年对此不以为然，不吃早餐或者早餐吃得很草率。不吃早餐容易感到疲倦，学习时易出现精神不集中，产生胃部不适和头痛。经常不吃早餐的人还会诱发胰、胆结石，影响身心健康。营养充足的早餐不仅能保证青少年身体的正常发育，对其学习效率的提高也起不容忽视的作用。

"播下一个行动，收获一种习惯；播下一个习惯，收获一种性格；播下一种性格，收获一种命运。""习惯"贯穿着整个人生，一个人的成功或失败都与习惯的好坏有着紧密的关联。健康生活，顺利成长，这是我们每个青少年学生面临的首要任务。养成良好的作息规律，既有助于身心健康，又能够锻炼自己的意志，是让你终身受益的宝贵财富。

＞名 人 简 介 ＜

巴金（1904年－2005年），原名李尧棠，祖籍浙江嘉兴，生于四川成都一个官宦家庭。巴金是20世纪中国文学发展史上的一个重要人物，立志做社会活动家的他，却成为小说家、散文家。新中国成立之后历任多届作协主席，可谓德高望重。其作品感情丰沛，著名的有《爱情三部曲》（《雾》、《雨》、《电》）和《激流三部曲》（《家》、《春》、《秋》）。后期作品用笔趋于沉实，代表作有《随想录》等。

要快乐就要简单生活

> 简单生活不是自甘贫贱。你可以开一部昂贵的车子，但仍然可以使生活简化。一个基本的概念在于你想要改进你的生活品质而已。关键是诚实地面对自己，想想生命中对自己真正重要的是什么？
>
> ——卡尔逊

简单的生活，是快乐的源头，为我们省去了许多汲汲于物外的烦恼，也为我们开阔了许多身心解放的快乐空间。

泰勒是纽约郊区的一位神父。

那天，教区医院里一位病人生命垂危，他被请过去主持临终前的忏悔。

他到医院后听到了这样一段话："我喜欢唱歌，音乐是我的生命，我的愿望是唱遍美国。作为一名黑人，我实现了这个愿望，我没有什么要忏悔的。现在我只想说，感谢您，您让我愉快地度过了一生，并让我用歌声养活了我的6个孩子。现在我的生命就要结束了，但死而无憾。仁慈的神父，现在我只想请您转告我的孩子，让他们做自己喜欢做的事吧，他们的父亲会为他们骄傲。"

一个流浪歌手，临终时能说出这样的话，让泰勒神父感到非常吃惊，因为这名黑人歌手的所有家当，就是一把吉他。他的工作是每到一处，把头上的帽子放在地上，开始唱歌。40年来，用他苍凉的西部歌曲，感染他的听众，换取那份他应得的报酬。他虽然不是一个腰缠万贯的富豪，可他从不缺少充实于生活中的快乐。他过着简单的生活，有着一颗容易满足的心。

泰勒神父在之后的一次演讲中讲到了这件事，他总结道：

"原来最有意义的活法很简单，就是做自己喜欢做的事，并从中发掘到一颗容易满足的心灵。"

西方国家包括美国的许多人，现在倡导过一种"简单的生活"。他们试着离开汽车、电子产品、时尚圈子，看能不能活得快乐。这被称作"草根运动"。他们强调简化自己的生活，并非完全抛弃物欲，而是要把人的分散于身外浮华物上的注意力移出适当比例，放在人自身上、精神上、心灵情感上。过一种平衡和谐从容的生活，一个真正有感知的人的生活，实质是提升生活品质。

有"布衣将军"之称的冯玉祥生活简单，1934 年春，蒋介石派孙科来拜访冯玉祥，冯玉祥以惯常的家常饭招待，吃的是馒头、小米粥，只有四样小菜。孙科吃得很香，说："我在南京吃的是海参鱼翅，却没有冯先生的饭菜香甜。真怪！"怪吗？在崇尚简单生活的人看来，这才是生活的真味。

"简单生活"并不是要你放弃追求，放弃劳作，而是说要抓住生活、工作中的本质及重心，以四两拨千斤的方式，去掉世俗浮华的琐务。卡尔逊说："简单生活不是自甘贫贱。你可以开一部昂贵的车子，但仍然可以使生活简化。一个基本的概念在于你想要改进你的生活品质而已。关键是诚实地面对自己，想想生命中对自己真正重要的是什么。"

现在，生活在城市中的人们都要面临住房问题。许多有房子的家庭想换更大的房子，没房子的就盼望着能有一套自己的房子，让我们看看一个美国人的故事吧！

科尔和许多人一样，追求的是传统的美国梦。他们只是接受了住房越大越好的观念，却没有认真想一想，它是否确实适用于他们自己的生活。直到有一次机会，他们全家在挪威生活了一年，才终于意识到，在空间不大的小房子里生活是再好不过的了。回到美国后，他们毫不犹豫地卖掉了大房子，在另一街区买了一套别致的小公寓。他们用卖大房子的钱偿还了贷款，并计算了为卖大房子进行修缮和改善小房居住条件所需的每一笔费用。把这项巨大的开支从总资本中扣除后，他们还剩余了不少钱。最主要的是，他们不必再为交付昂贵的抵押贷款而担心了。

　　我们究竟需要多大的空间呢？那些正在投资买大房子的人们不妨借用朋友的周末旅游车，在里面住上一星期试试。那些正在新建的带家庭娱乐室和正式起居室的房子怎么办呢？你有多少次去看朋友，是真正坐在起居室里的？美国的建筑设计师正在向你推荐可以把靠窗的座椅制成折叠床供留宿的客人用，而无须准备专门的房间招待客人。再看看盥洗室，为什么在20世纪50年代，每家只有一个盥洗室也能过得去，而现在我们每家的每人都要有一个盥洗室呢？我不曾看见我许多50年代的邻居中，有什么人因为家人占用了卫生间而急得上蹿下跳。其实，需要共用卫生间的情况很少发生，即使有，也不超过1/10的比率。我们有必要为了这个，多花上四五年的年薪来另外配置第二个卫生间吗？如果因为人多，确实不得不需要安装两个抽水马桶，你有没有想过把它们放在一个卫生间里。琳达·米勒从事室内装潢，她认为："太多的房间配置会降低人们的生活质量。人们总是需要更多的物质，好像这能带给他们安全感，其实，反而是这些让他们窒息了。"擅长设计小房子的建筑设计师罗斯·蔡平认为，许多大房子只不过突出了人的虚荣心罢了，而这只是生活的表层而已。其实，小房子并不一定意味着价格更便宜，这全看你用什么样的建筑材料以及你要求房子体现何种风格了。你可以把好材料用于房屋的总体结构，在厨房装修上细木家具以节省资金，这样可以省掉以后拆除时造成的原料浪费。有些家庭倾向于不用昂贵细木家具，而创造性地使用一些开放式的架子放东西，而把所有的锅和盆都悬挂在架子上面，然后选一块和自己风格相符的布帘盖住架子。

　　简单主义者将生活与价值相结合，运用有限的时间、收入和精力，创造出一种舒适、有效的生活方式。其实简单是一种生活的艺术与哲学。简单生活是简单主义者的生活选择，无论是田园隐居，还是返璞归真，抑或自愿选择清贫如洗，值得提醒的是："自愿"简单只是途径而不是目的。首先是外部生活环境的简单化。当你不需要为外在的生活花费更多的时间和精力的时候，也就为内在的生活提供了更大的空间与平静。之后是内在生活的调整和简单化，这时的你可以更加深层地认识自我的本质。现代医学已经证明，人的身体和精神是紧密联系在一起的，当身体被调整到最佳状态时，精神才有可能进入轻松状态；而当人的身体和精神进入佳境时，人的灵魂，也就是人的生命力才更加旺强。

　　尘世生活中许多人追求舒适的物质享受、为人钦羡的社会地位、显赫的名声等。今日的青年人追求的"时髦"、"新潮"、"时尚"、"流行",也是一种"世味",其中的内涵说穿了,也不离物质享受和对"上等人"社会地位的尊崇。专注于此,人就会像被鞭子抽打的陀螺,忙碌起来——或拼命打工,或投机钻营、应酬、奔波、操心……你就会发现自己很难再有轻松地躺在家中床上读书的时间,也很难再有与三五朋友坐一起"侃大山"的闲暇,你忙得会忽略了自己的孩子的生日,你忙得会没有时间陪父母叙叙家常……

菲律宾《商报》登过一篇署名陈美玲的文章,作者感慨她的一位病逝的朋友一生为物所役,终日忙于工作、应酬,竟连孩子念几年级都不知道,留下了最大的遗憾。作者写道,这位朋友为了累积更多的财富,享受更高品质的生活,他终于将健康与亲情都赔了进去。那栋尚在交付贷款的上千万元的豪宅,曾经是他最得意的成就之一,然而豪宅的气派尚未感受到,他却离开了人间。作者问:"这样汲汲于追求身外物的人生,到底生命感知何在,意义何在?"

这位朋友显然也是属"世味浓"的一族,如果他能把"世味"看淡一些,像陈美玲那样"住在恰到好处的房子里,没有一身沉重的经济负担,周末不值班的时候,还可以一家大小外出旅游,赏花品草"……这岂不是惬意的生活?

陈美玲写道:"'生活简单,没有负担',这是一句电视广告词,但用在人的一生当中却再贴切不过了。与其困在财富、地位与成就的迷惘里,还不如过着简单的生活,舒展身心,享受用金钱也买不到的满足来得快乐。"

"只有简单着,才能从容着、快乐着。"不奢求华屋美厦,不垂涎山珍海味,不追时髦,不扮贵人相,过一种简单自然的生活,一种外在的财富也许不如人,但内心享受充实富有的生活。这是自然生活,有劳有逸,有工作的乐趣,也有与家人共享天伦的温馨、自由活动的闲暇。

一位得知自己不久于人世的老先生,在日记簿上记下了这段文字:

"如果我可以从头活一次,我要尝试更多的错误,我不会再事事追求完美。我情愿多休息,随遇而安,处世糊涂一点,不对将要发生的事处心积虑地计算。可以的话,我会去多旅行,跋山涉水,更危险的地方也不妨去一去。过去的日子,我实在活得太小心,每一分每一秒都不容有失,太过清醒明白,太过清醒合理。如果一切可以重新开始,我会什么也不准备就上街,甚至连纸巾也不带一块。如果可以重来,我会赤足走在户外,甚至整夜不眠。还有,我会去游乐园多玩几圈木马,多看几次日出,和公园里的小朋友玩耍……只要人生可以从头开始，但我知道，不可能了。"

老先生整个一生都角逐于名利，机关算尽，斤斤计较，占尽别人的便宜。他的时光都耗费在与那些富得流油的社会名流打交道上，只知道让他的家人共享他的金钱，却不肯和他们和谐地共度一个美好的夜晚，听他们诉说他们的内心。

他死前才明白，他用金钱维系的家庭早已千疮百孔了，尽管看起来依旧那么的富丽堂皇，他的年轻美貌的妻子常去幽会一个地下情人，他的儿子在他病入膏肓时还流连在赌场不肯出来，他只有靠一篇篇日记消磨他生命中的最后时光。医生已被他请走，他要保持"死者的尊严"，不想让一个外人看着他死去；神父他也没有请，健康的时候他从来没去过一次教堂做忏悔，更没布施过一块钱。

他是个地地道道、彻头彻尾的商人，活在尔虞我诈的商场，他曾经倾尽全力、亲力亲为，弄得自己心力交瘁。为此，他总是能找到借口自我安慰："商场如战场，我身不由己呀！我身不由己！"

直到临终一刻老先生才彻底觉悟，生活不需要很多钱，简单生活，让自己快乐才是最珍贵的。

在时光的沙漏里，流出去的沙子永远装不回去，奉劝朋友，请珍视时光沙漏中的每一粒沙，选择自己的活法，用一颗容易满足的心精心装点美好的生活，不可等沙子漏光再追悔莫及。

简单是一种更加深入的生活，有意识的生活，完全投入，完全自觉。简单生活不是吝啬，不是"苦行僧"，简单生活也未必要归隐田园，简单生活是返璞归真的简单选择。要快乐就要简单生活。

＞名人简介＜

斯科特·卡尔逊生于 1946 年，波音民用飞机集团负责销售的副总裁，负责民用飞机的销售和航空公司客户及全世界租赁公司的相关服务。他是华盛顿州立大学在波音的高级联络人，并担任该大学基金会理事。他还是华盛顿州立大学 EMBA 项目顾问委员会成员，并于 2002 年 4 月获得了该项目的"商业领导"奖。

珍惜生命吧，它只有一次！

因惧怕可能发生的祸患而结束了自己的生命，是一种懦弱卑劣的行为。

——莎士比亚

珍重生命。"人生天地间，忽如远行客。"生命属于人只有一次，相对于天地之悠悠，一个人的生命是短暂的，失去了就无法挽回。生命又是脆弱的，鲜活的生命非常容易顷刻间画上句号。

前段时间，甘肃有两名中学生因学习压力大分别跳楼、服毒自尽；在湘潭市某公园，18岁的中学生马亮亮自缢身亡，他的裤兜里揣着一本"死亡笔记"，记述了他的迷茫、苦闷以及不堪忍受的生活压力。

18岁正是人生的花季，可是马亮亮却选择了结束自己的生命。虽然，马亮亮的身世令人同情，现在的学生学习压力大也是事实，但如果只是因为这些就选择死亡，那么，笔者认为，更重要的一个原因在于"生命教育"的缺失。

长期以来，中小学心理健康教育，尤其是生命与死亡的教育在我国基本上是一片空白，这就使得青少年在面对压力或遭受打击的时候，由于对生命的价值缺少正确的认识而做出极端的反应，再加之中国人对死亡所特有的忌讳，使得死亡教育很难得到认同，而近来频繁见诸报端的中学生自杀事件，已经给我们敲响了警钟。

前不久，有一则新闻，说的是海口市某校组织高一学生参观殡仪馆，在模拟演示中了解尸体火化过程，开展了一次死亡教育的试验活动。死亡教育以这种方式突然展现，引发了全国范围的热烈讨论。有媒体斥之为"变态班会"。然而，这样的教育实践在一定程度上值得推崇。事实上，国外很多学校都开设有死亡教育、生命教育的课程，例如在英国小学的课堂上，护士或殡葬行业的从业人员对小学生讲人死时会发生什么事情，并且让学生轮流通过角色替换的方式，模拟一旦遇到如父母因车祸身亡等情形时的应对方式，让孩子们体验一下突然成为孤儿的感觉。他们认为，这门课程将帮助学生体验遭遇重大挫折和生活方式突变时的复杂心情，学会在非常情况下如何控制自己的情绪。

人和动物的区别之一就在于人类有着明晰的死亡意识，也正由于这种意识，才使人对生命倍加珍惜，努力成就自己的一生。而长期以来，生命教育和死亡教育的缺失，却使得我们的孩子对于死亡到底意味着什么，缺乏深入的了解和思考。

青少年学生是十分宝贵的人才资源，要帮助青少年学生树立起正确的世界观、人生观和价值观，很重要的一环就是使他们了解珍惜生命的重要性。

青少年朋友们应当珍惜生命，尊重与珍惜生命的价值，热爱与发展自己独特的生命，并将自己的生命融入社会之中，树立起积极、健康、正确的生命观。珍惜生命、敬畏生命，才可能培养起坚定的理想信念，才可能以博大的胸怀和坚忍的毅力去实现个体的生命价值、为社会创造幸福。

每个青少年学生对自己的前途都有着高度的期许，但在学校里，他们面对的是与自己一样优秀甚至更出色的同辈，在这样的群体中，他们很可能只是普通的一员，从巅峰到低谷的心理落差使他们不禁怀疑自己存在的价值。另外，受一些错误思想和不良社会风气的熏染、影响，部分青少年学生以为生命的价值只有赚了大钱才算得以实现。这是把生命的意义异化为物欲、权欲的满足和虚荣的表现。生命教育就要矫正这些认识。它应当引导青少年学生认识到，上学只不过是进入社会之前的人生准备，学校并没有为每个学生买好成功的保险；青少年学生既要怀抱远大理想，也要脚踏实地；在开放的社会，人与人之间是平等的，青少年学生应该学会尊重他人，善待他人；社会是多元的，成功的方式、路径是多样的，做一个爱岗敬业的普通公民，也未必不幸福。当然，生命价值的教育，需要家庭、学校、社会的共同努力，只有通过全方位的生命价值的教育，才能引导青少年学生正确看待生命，树立起正确的生命价值观。

热爱生命。现实中的人总会碰到各种磨难、痛苦、失意和挫折，要面对来自家庭、学校、社会等各方面的压力。这种时候，一个人如果能够正确对待，把种种不如意看作生命必须经历的一部分，那么负面的东西就可能转变成积极的因素，但许多青少年学生缺少的就是耐挫力，所以他们经常抱怨"累"、"没意思"，存在消极、懈怠心理。甚至有的青少年学生在自杀前说："我列出一张单子，左边写着活下去的理由，右边写着离开世界的理由。我在右边写了很多很多，却发现左边基本上没有什么可以写的……"热爱生命的教育就是要让青少年找到无数的生存理由，而把非理性选择的依据一个个排除。如果能引导他们读到像马克·吐温的《热爱生命》、海伦·凯勒的《假如给我三天光明》、史铁生的《我与地坛》等优秀作品，他们就会亲近这些永不屈服的灵魂，欣赏到生命的无限魅力，更会学会坚强，学会抗争，学会发现生活的真谛，从而保持旺盛的生命意识和积极的人生态度。

青少年还要有生命安全的意识。泰戈尔说："教育的目的应当是向人传递生命的气息。"生命的价值首先是基于生命的存在，在此基础上才能发展和提升生命的价值。作为学生成长的守护者，学校不仅要关心学生知识的获得、精神的成长，还要防止任何可能伤害生命的行为发生，教会学生保护好自己的生命。在有些人的眼里，青少年学生应该懂得如何保护自己、呵护自己的生命，可实际上，青少年学生伤害生命和生命被伤害的事件屡有发生。因此，青少年学生应该有生命安全意识，使他们能够更好地保护自己和他人的生命。

爱惜自己的生命不等于自私。我们不仅要珍惜自己的生命，还要珍惜其他人的生命。不应该无视生命价值，任意践踏生命。

刘海洋最喜欢生物，却将硫酸泼向动物园里的 5 只熊，就为了"测试熊的嗅觉"。

王永强学了医术，竟用这治病救人的本领残杀女友，就因为"有了新欢，不想被烦"。

他们都是青年学生，经过了多年教育，居然会对生命如此漠视、如此残忍。令人震惊！这样的事一再上演，我们不禁要问：到底是哪个环节出了问题？

喜欢生物，就可以肆无忌惮地用那些生灵做实验，以满足自己的兴趣。这种事不只是刘海洋在做！在许多国家都已取消中小学动物活体实验的今天，我国的中学生物课上，学生们被指导着任意地解剖动物，让一只完全无助的青蛙或者兔子受尽痛苦而死去，使未成熟的心灵受到了伤害。教材则连国家《野生动物保护法》都不顾，出现"蟒和其他大型蛇的皮可用来制作皮革和乐器……"之类的语句。在这种引导下，学生怎么可能有把动物当作值得尊重的生命的意识呢？刘海洋把熊当成试验的对象，也就不足为奇了。

长期以来，这种爱的缺失，对生命的忽视，在我们的教育体系司空见惯。丰富多彩的世界被物化成没有生机的知识，真实的生命被臆断成某些人所能支配的工具。在这样的教育里，占有、主宰成了衡量一切的标准。对生物如此，对同类又何尝不是这样？近些年，教师对学生体罚的事件时有发生，甚而教唆学生一道参与，学生被掌嘴致聋、刺字致残，甚至棍棒致死的事时有耳闻。由此看来，王永强用医术杀人，绝不仅仅只是他个人的原因。

生命是宝贵的，人与人是平等的，每一个生命也都是平等的，我们都是地球的孩子。教会人们善待他人，善待自然，善待生命，这就是教育应当做的事。刘海洋、王永强的教训警示人们，当前的学校教育、社会教育、家庭教育要好好补补生命教育这一课。

长期以来，由于我们的教育一直被"功利"所包围，为升学所左右，"生命教育"反而成为教育盲点。正因为"生命教育"的"缺席"，青少年们才不知道生命之宝贵，才不知道爱惜自己的生命。其实，人最宝贵的是生命，健康是一个人最大的财富，生命都没了，还谈何教育。所以，对于每一位老师，每一位家长，每一个大人来说，我们都有责任把"生命至高无上"这样的话告诉孩子，都有责任时时关注孩子的心理，培养他们"珍惜生命和健康"的意识，都有责任呵护着每一个孩子快快乐乐地成长。

＞名人简介＜

威廉·莎士比亚（1564年—1616年），文艺复兴时期英国以及欧洲最重要的作家。他出生于英格兰中部斯特拉福镇的一个商人家庭，后因家道中落，辍学谋生。1585年前后，他离开家乡去伦敦，先在剧院打杂，后来当上一名演员，进而改编和编写剧本。其代表作有《罗密欧与朱丽叶》、《哈姆雷特》、《奥赛罗》、《李尔王》等。

美德，让你的灵魂闪光

忠诚是无价之宝

> 士兵必须忠诚于统帅，这是义务。
>
> ——麦克阿瑟

一个人如果拥有忠诚的品质，自然便能赢得人们的敬重和信任。

杰克·伦敦在那本了不起的经典名著《白牙》中，说到一只半狼半狗的动物如何学会在旷野中生存，后来更学会与人共处。其中有一段话给人留下深刻印象。

白牙喜欢吃鸡肉，袭击鸡舍，曾有猎杀 50 只母鸡的记录。它的主人维登·史葛——在它眼中高贵如神，是它"全心全意爱戴的对象"——斥责它后又把它带到养鸡场去。当白牙看见它最喜欢的食物在它面前走来走去时，便顺着本能的冲动，扑上前去攫住一只鸡。但主人这时发出制止的声音。他们在养鸡场中站了好一会儿，每次白牙有所行动，主人便会开口制止它。如此，它领会了主人的意思——它学会不去碰那些鸡。

维登·史葛的父亲坚持说："动物吃鸡肉的习惯是无法改变的。"但维登挑战他的说法，整个下午把白牙与鸡关在一起。

"白牙被主人单独关在养鸡场内，便躺下来休息。曾有一次它起来到水槽里去喝水，它沉静地不去管那些鸡，就当它们根本不存在一样。四点钟，它奋力一跳，上了鸡舍的屋顶，然后落在外头的地上，由那里从容地走回到屋子。它学会了规矩。"

因着对主人的爱和顺从，白牙克服了与生俱来的欲望。它或许不懂为什么，但它选择了服从主人的意思，这就是忠诚。

动物的故事往往能打动人心，启发深奥的道理。白牙对主人那种单纯的爱与忠诚，提醒我们人生中总有许多"鸡"，我们必须知道到底要服从和忠诚于谁？

国外某著名航空公司在开辟该国首都至芝加哥的国际航线时，为业务需要，在美国招聘空姐。有个小姐各方面的条件都较优异，被航空公司的人事考官看好，拟作为领班。在面试就要结束时，该主考官问了一个小问题："公司准备在本国用3个月的时间对所有受聘人进行一次培训，这样的话，你远离自己的国家和亲人，在生活和感情上能适应吗？"这位小姐回答说："我离家在外已经有几年了，自己一个人生活已习惯了，至于出国吗，也没关系，说实在的，在这儿我早已待腻了！出去不是更可以长见识吗？"主考官听到这话，脸上的笑容马上消失了，待她走出门后，就在她的表格上写上了"NO"，对其他人解释道："一个对自己的国家都不忠诚的人，又怎会忠诚于公司呢？"

人们最憎恶的就是背叛，所以就愈加珍惜忠诚，忠诚是对自己所坚守的信念的忠实和虔诚。忠诚是一种责任、一种义务、一种操守，忠诚是一种至为高贵的品格。

任何人都有责任去信守和维护忠诚，这是对你所爱的人、所坚持的信念最大的保护，丧失忠诚是对责任的最大的伤害，也是对品行和操守的最大亵渎。

忠诚是相互的，如果缺乏对别人的忠诚，就别指望得到别人的忠诚。

一位马耳他王子在路过一间公寓时，看见他的一个仆人正紧紧地抱着主人的一双拖鞋睡觉，他上去试图把那双拖鞋拽出来，但因仆人抱得太紧而拽不出来。这件事给这位王子留下了很深的印象，他立即得出结论：对小事都如此小心的人一定很忠诚，可以委以重任，所以他便把那个仆人升为自己的贴身侍卫，结果证明这位王子的判断是正确的，在他升到事务处后，又一步一步当上了马耳他的军事司令，他的美名也传遍了整个西印度群岛。

所以，不要以为只有在大难来临、大是大非面前才能表现出一个人的忠诚。只有当一个人哪怕在很小的事情上都不忘自己的忠诚职责时，成功才可能离他更近一步。

忠诚是一种精神，也是一种状态。当然我们不需要在忠诚事业时必须拿出身体甚至生命的代价，但至少要忠诚于自己的目标和追求。一个人只有拥有了忠诚的理念，在日常学习和生活中，他才能对一件事表现出绝对的兴趣，并辅之源源不断的动力和孜孜不倦的追求，直到赢得最后的胜利。

从 1918 年至 1920 年，相貌平平的挪威人克努特·洛克尼，在圣母大学创下了一项惊人的橄榄球教练纪录：赢了 105 场球赛，输了 12 场，5 场和对方打成平手。然而，使他成为空前伟大教练的，不是他做了什么事，而是他做事的方法以及他的忠诚。

洛克尼宣讲对事业的执着和忠诚，并实践了这些理念，因为尽管许多学校向他提供诱人的待遇，他仍然决定留在圣母队。在 1921 年发生的一件事情，加强了他所谓的执着、忠诚感。他的球队连赢了 20 场比赛，大家都认为他们可以击败爱荷华队，然而爱荷华队却以 10 ∶ 7 击败了圣母队。吃了败仗后，洛克尼厉声地说："我没有任何借口。"

当火车在星期一凌晨一点驶进南本德时，火车上的教练和球队都显得闷闷不乐。突然之间，从黑暗中，大家听到被称为"流星烟火"的圣母大学胜利的欢呼声。学生团体一起走了三里路，来到城里欢迎打了败仗的球队。洛克尼从火车另一头偷偷溜出去，但是群众发现了他，将他高举到一辆行李车上面，一千多个男孩站在黑暗中为他喝彩。倔强的教练显然受感动了，很难在这个盛大的欢迎仪式之后让自己镇定下来。"经过这件事后，"他说，"只要你们需要我，我绝不会离开圣母队，因为我喜欢我的事业。"而他的确从来没有离开圣母队。

洛克尼对事业的执着、忠诚理念，让他赢得了巨大的胜利。而他在橄榄球界的地位，也无人可以取代。对事业的执着、忠诚给洛克尼带来了无比的荣耀。在现实生活中，树立执着、忠诚的思想，可能不会立即给我们带来荣誉，但从长远来说，它更有利于我们取得成功。

哈佛教授罗宾先生，曾讲过这样一个他亲身经历的故事：

　　我参加过的婚礼弄不清有多少次，时间久了大部分已经没有什么印象，可在两年前我出席的婚礼上的一个小情景，却让我常常回味。新娘在一所高校任教，漂亮可人，又有好人缘，那天宾朋满座，代表来宾致辞的是在她学校交流的外籍女教师、她向大家讲了一个小故事：有一次她和这位新娘一起到机场送一个回国的日本教师，在行李检查处，有人从衣服的口袋里滚落一枚一角的硬币，可能是不在乎这区区一角钱，没有捡起，这样后面的人便踩了上去，这个新娘弯腰将一角硬币捡了起来，并用手轻轻地拂去上面的尘埃，快步向前，把这枚硬币交给那人，对方起初觉得尴尬，不肯接收，甚至面有愠色，她便对那人说道："先生，你可以不在乎这一角钱，但在这上面有我们的国徽，不能践踏！"说完这个故事，这位外宾对在场的人讲道，这个新娘对国家忠诚令人深感敬重，在个人感情上，我相信她也将忠诚如一，用真挚的爱心与她的先生共筑幸福的家园，

　　所以，忠诚是一笔财富，你拥有了忠诚，就会有责任感，就会有对信念的执着追求，在任何时候都会无往不胜。

　　不论人心与世风如何变化，忠诚这一优良的品质，永远焕发着她的光芒，人们越加视之为珍宝。但愿在我们的一生里，都能永久地以这一可贵的品质去待人处事，且以此拓展自己的基业。那么，我们的生活、事业和爱情，都将因忠诚这一品质的滋养和支持，得以幸福、成功和美满。

＞名 人 简 介＜

　　麦克阿瑟(1880年－1964年)，出生在美国阿肯色州小石城军营里的一个军人世家。1903年6月11日，麦克阿瑟以98.14分的总平均积分毕业于西点军校。麦克阿瑟曾任西点军校校长、陆军参谋长、西南太平洋盟军总司令；第二次世界大战后以"盟军最高司令官"的名义，执行美国单独占领日本时的任务；朝鲜战争爆发后，任侵朝"联合国军"总司令等职；时任总统的杜鲁门曾经担任过他的副官。这样的资历，加之他在第二次世界大战中的战功等，使他在美国，乃至世界上都有极高的声望。

孝敬父母让你可敬可信

> 要用希望孩子对待你的方式去对待父母。
>
> ——苏格拉底

　　善待父母是中华民族的传统美德，也是一个人的良知，很多人为自己没有机会侍奉父母而引以为终身的遗憾。

　　老舍先生在《我的母亲》一文中写道："生命是母亲给的，我之所以能长大成人，是母亲血汗灌养的。我之所以能成为一个不十分坏的人，是母亲感化的。我的性格、习惯，是母亲传给我的。她一世未曾享过一天福，临终前吃的还是粗粮。唉，还说什么呢？心痛！心痛！"季羡林先生在《我的母亲》一文中写道："我永久的悔就是：不该离开故乡，离开母亲。"季先生的家在鲁西北一个极端贫困的村庄，他的家更是贫中之贫。离开家几年，成为清华学子的他，突然接到母亲去世的噩耗，赶回家乡，"看到母亲的棺材，伏在土坑上，一直哭到天明"。季羡林先生在文章中写道："我后悔，我真后悔，我千不该，万不该离开了母亲。"萧乾先生在回忆母亲时说："就在我领到第一个月工资的那一天，妈妈含着我用自己劳动挣来的钱买的一点儿果汁，就与世长辞了。我哭天喊地，她想睁开眼皮再看我一眼，但她连那点儿力气也没有了。"诺贝尔物理学奖获得者崔琦在接受杨澜采访时，杨澜问："如果当初您不到美国读书的话，会怎样呢？"她本以为崔琦会这样回答："如果当初我不到美国读书，那我很可能现在还在河南农村种地。"但崔琦说的是："如果我那时不出国，我的父亲就不会在三年困难时期饿死！"说着，他伤心地流下了眼泪。

在物质文明高度发达的今天，我们更应该孝敬父母。当我们理所当然地享受着父母给予我们的一切舒适条件时，是否应当思考一下这样一个问题：我们应该如何善待自己的父母？

我们今天所说的孝道，包含两个方面的内容。一是孝顺，即不违逆父母。父母总是爱子女的，他们不仅努力地去养育子女，而且还处处为子女着想，望子成龙，望女成凤。做子女的应该接受这份"爱心"，不要违逆。再说，父母的生活经验丰富，有许多父母亲有着较高的道德修养，听他们的话不会错。当然，也不能"愚孝"，就是对父母的话不分青红皂白、唯命是从。做父母的也会有错误、有缺点。最讲究孝道的孔子曾经说过："事父母，几谏。"就是说对父母身上的错误、缺点，做子女的也应当劝谏而不能盲从。

孝道的第二个内容是敬养。父母辛辛苦苦养育子女就指望自己"老有所养"。不养不孝，养而不敬，也不能算孝。孔子说过，只养不敬，跟饲养犬马没有区别。对父母，除了生活上给以照顾，更应该给以感情上的温暖和心理上的抚慰。因此，子女要尽孝道，必须要无私和有爱心，要通情达理，否则就算不上孝。

动物王国的"快乐酒吧"里，年老的侍者猩猩问每晚必来喝上两杯的小象："孩子，你每晚都来泡吧，难道就没想过回家陪父母过一晚吗？"

"陪他们？"小象一甩鼻子，"我还真的没想过，再说，也没有必要，它们在家有吃有喝的，用不着我担心啊！"

"虽然有吃有喝，我想它们肯定希望你能常回家看看。"

"我每个月都给它们足够多的钱，用不着经常回家。"

"可是，钱归钱，金钱能替代亲情吗？"

有无孝敬父母的习惯，不单单是子女对父母的关心，其实质是能否关心他人的大问题。

在家里能养成孝敬父母的好习惯，到社会中，才有可能做到关心同事，也才有可能做到对祖国的忠诚。试想，一个对父母出言不逊、毫无孝心的人，又怎能成为有所作为、受人尊敬的人呢？

孝敬父母、尊敬长辈是一个人应有的品德，我们应该从小培养。

首先孝敬父母应该听父母的话，遵从父母的教导。父母有着丰富的生活、工作和社会知识与经验，而且他们对我们的教育与帮助，总是全心全意从我们的健康成长出发。

其次应该理解父母为家庭所付出的辛苦。现在不少孩子不知道父母工作情况，不知道父母的钱来之不易，只知道向父母要钱买这买那，认为父母给孩子吃好、穿好、用好是天经地义的。这样的孩子怎么会从心底里孝敬父母呢？因此，做子女的应该认识到父母每天每刻付出的艰辛，珍惜父母的劳动果实，从而从心底产生对父母的感激和敬重。

另外，我们还要从小事入手，养成帮助父母、为父母分忧的行为习惯。作为未成年人，现在还要靠父母抚养照顾，但这并不意味着你对家庭、对父母不需承担任何责任。相反，你应该自觉自愿地去做一些力所能及的家务劳动，应该主动帮助父母，关心父母。

赶快为父母尽一份孝心吧。从现在的一点一滴做起，随时随地都要为父母做些力所能及的事，孝敬父母让你可敬可信。

＞名人简介＜

苏格拉底（公元前469年－公元前399年），古希腊雅典人，著名的唯心主义哲学家、教育家。他主张有知识的人才具有美德，才能治理国家，强调"美德就是知识"，知识的对象是"善"，知识是可敬的，但并不是从外面灌输给人的，而是人的心灵中先天就有的。把人的先天就有的、潜在的知识和美德诱发出来，这就是教育。他还首先发明和使用了以师生共同谈话、共商问题、获得知识为特征的问答式教学法。

尊严是人必须有的傲骨

> 自尊心是一种美德，是促使一个人不断向上发展的原动力。
>
> ——毛姆

一个人如果没有尊严，就不会有高尚的事业，更不会有高尚的命运。

布朗的母亲是在他 7 岁那年去世的，继母来到他家的那一年，小布朗 11 岁了。

刚开始，布朗不喜欢她，大概有两年的时间他没有叫她"妈"，为此，父亲还打过他。可越是这样，布朗越是在情感中有一种很强烈的抵触情绪。然而，布朗第一次喊她"妈"，却是在他第一次也是唯一的一次挨她打的时候。

一天中午，布朗偷摘人家院子里的葡萄时被主人给逮住了，主人的外号叫"大胡子"，布朗平时就特别畏惧他，如今在他的跟前犯了错，他吓得浑身直哆嗦。

大胡子说："今天我也不打你不骂你，你只给我跪在这里，一直跪到你父母来领人。"

听说要自己跪下，布朗心里确实很不情愿。大胡子见他没反应，便大吼一声："还不给我跪下！"

迫于对方的威慑，布朗战战兢兢地跪了下来。这一幕，恰巧被他的继母给撞见了。她冲上前，一把将布朗提起来，然后，对大胡子大叫道："你太过分了！"

继母平时是一个没有多少言语的性格内向之人，突然如此震怒，让大胡子这样的人也不知所措。布朗也是第一次看到继母性情中另外的一面。

回家后，继母用枝条狠狠地抽打了两下布朗的屁股，边打边说："你偷摘葡萄我不会打你，哪有小孩不淘气的，但是，别人让你跪下，你就真的跪下？你不觉得这样有失人格吗？不顾自己人格的尊严，将来怎么成人？将来怎么成事？"继母说到这里，突然抽泣起来。布朗尽管只有 13 岁，但继母的话在他的心中还是引起了震撼。他猛地抱住了继母的臂膀，哭喊道："妈，我以后不这样了。"

尊严是每个人的权利。"虽然我很贫穷，但是我有一颗高贵的头颅！"这是你需要记住的话。我希望你不卑不亢地生活，不对权势卑躬屈膝，不对金钱奴颜媚骨，不对威势强权低头……无论你处于何种艰难的境地，面临多少灾难和困苦，受到多大的压力和诱惑，都不要低下你高贵的头颅！

一只骨瘦如柴的狼，因为狗总是跟它过不去，好久没有找到一口吃的了。

这天遇到了一只高大威猛但正巧迷了路的狗，狼真恨不得扑上去把它撕成碎片，但又寻思自己不是对手。于是狼满脸堆笑，向狗讨教生活之道，话中充满了恭维，诸如"仁兄保养得好显得年轻，真令人羡慕"云云。

狗神气地说："师傅领进门，修行靠个人，你要想过我这样的生活，就必须离开森林。你瞧瞧你那些同伴，都像你一样脏兮兮、饿死鬼一样，生活没有一点保障，为了一口吃的都要与别人拼命。学我吧，包你不愁吃和喝。"

"那我可以做些什么呢？"狼疑惑地眨巴着眼问。

"你什么都不用做，只要摇尾乞怜，讨好主人，把讨吃要饭的人追咬得远远的，你就可以享用美味的残羹剩饭，还能够得到主人的许多额外奖赏。"

狼沉浸在这种幸福的体会中，不觉眼圈都有些湿润了，于是它跟着狗兴冲冲地上了路。

路上，它发现狗脖子上有一圈皮上没有毛，就纳闷地问：

"这是怎么弄的？"

“没有什么！”

“真的没有什么？”

狗搪塞地说：“小事一桩。”

狼停下脚步：“到底是怎么回事？你给我说说。”

“很可能是拴我的皮圈把脖子上的毛磨掉了。”

“怎么？难道你是被主人拴着生活的，没有一点自由了吗？”狼惊讶地问。

“只要生活好，拴不拴又有什么关系呢？”

“这还没有关系？不自由，不如死。吃你这种饭，给我开一座金矿我也不干。”

说罢这话，饿狼扭头便跑了。

人如果柔弱得连自尊都失去了，那么他就失去了做人的资格，自己瞧不起自己，别人怎会瞧得起你，灵魂是不能屈服的。

有位年轻人天生左手残疾，而他的国家当时正好处在战乱之中。为了谋生，年轻人便来到了相邻的矮人国，想找一份工作来维持生活。

“啊，可怜的人！快进来吧，我将给你一个热乎乎的烙饼充饥。”当年轻人经过一个小矮人开的烙饼店时，店主上前对他说。

“谢谢你，好心的店主。但在吃你的那个烙饼之前，请允许我先帮你做一件事，否则，我就不会接受你的烙饼。”年轻人认真地说。

“真是神经病！你一只手能干什么活？我好心送你一个烙饼，你还死要面子。”店主说完，鄙夷地关上了店门。

一位挑柴火的老者见了，说：“小伙子，我看你有一只健全的手，还能干活，请你帮我把这担柴火挑到我家，我将给你一个烙饼，作为你付出劳动的报酬。”年轻人高兴地答应了。

一个过路的人见了，不解地问年轻人：“现成的烙饼你不吃，却偏偏要通过劳动来换取一个烙饼，值吗？”

“当然值！因为这个烙饼是我通过劳动换来的，我才吃得下去。我虽然贫穷，但没有丢掉做人的尊严。”

这位年轻人的话虽简单，却掷地有声。的确，我们可以贫穷，但我们不能失去自尊。

自尊是人的一种美德，是无价的，是人最珍贵、最高尚的东西，因此，我们可以贫穷，但我们不能失去做人的尊严。

我们生存的空间中有许多许多的诱惑，比如金钱、权力、地位等，那么，你会不会为了得到这些而放弃你的尊严呢？

相信你不会，因为这个世界上尊严最可贵。

沙皇曾召见当时大名鼎鼎的诗人舍甫琴科。

在沙皇的宫殿里，挤满了大大小小的政府官员、贵族和外国使节。沙皇一到，这些人都恭恭敬敬地弯腰对沙皇表示尊敬，只有舍甫琴科一人站在那里没有动。

"请问你是谁？"沙皇问。

"我是舍甫琴科。"舍甫琴科回答。

"您为什么不向我鞠躬呢？"沙皇问。

舍甫琴科从容地回答道："尊敬的陛下，是您要求见我的，而不是我想见您，如果我也向别人那样向您弯腰鞠躬，您怎么能看清楚呢？"

宫廷上下无不为舍甫琴科的举动而震惊。有人说："舍甫琴科，你太傲慢了！"舍甫琴科回答："哦，不，我有的仅仅是尊严。"

许多青少年都崇拜英雄，说他们有着顽强的毅力和强大的魄力，而最重要的是，他们那么看重自己的"义气"，绝不在诱惑面前出卖灵魂。这个世界上尊严最可贵。一个拥有尊严的人才能在各种诱惑前岿然不动，显出高贵的灵魂。记住，在任何时候也不要低下你高贵的头颅。

人格是个人的道德品质，也是个人的性格、气质、能力等特征的总和。不可否认，具有高尚人格的人也会遭遇厄运和不幸。但是，他们宁可遭遇厄运和不幸，也绝不会放弃高尚的人格，因为他们并不是为了得到回报才保持高尚的人格。积善多者，虽有一恶，是为失误，不足以亡。积恶多者，虽有一善，是为误中，不足以存。从历史的观点看，从发展的观点看，从全局的观点看，高尚的人格无疑是命运的保护神。

一个人，可能犯错误，但是不能丧失尊严。只有捍卫了自己的尊严，信念才不会缺失，人生的阵地才不会陷落，才能够克服重重困难，获得辉煌的人生。

一个人如果没有高尚的人格，没有自尊，他就会自卑，自馁，就不会爱惜自己，就会自暴自弃，什么也不干，什么也干不成。

一个人如果没有自尊，就不会自爱自敬，就会盲目服从，人云亦云，没有了自己独立的思想和主见，因此，其骨子里散发的就只有"奴气"，如此，你怎么让人正视你、尊重你？"自敬，则人敬之；自慢，则人慢之。"这是一条千古颠扑不破的真理。

当然，自尊不等于唯我独尊，不等于刚愎自用，更不等于自负、自我夸大。一个人如果总是过于自爱自贵，最后总是要失败的。

如果你为了金钱而出卖自己的尊严，那么你就成了金钱的奴隶，要是成了奴隶的话，那就意味着你已经失去了自由。自由，多么高贵的字眼，英国资产阶级革命不就是为了追求自由吗？法国大革命，不就是为了自由、平等、博爱吗？那么多的仁人志士不惜牺牲自己的性命不就是为了追求自由吗？失去自由又何谈尊严！

在此，要告诫青少年朋友们的是，无论你今后的日子是富贵还是贫穷，你都要保持做人的尊严，唯有你自己自敬自尊，才会得到他人的尊敬。并且希望你们牢牢记住：你把自己看成什么，你在别人的眼里就是什么。

＞名 人 简 介＜

毛姆（1874 年–1965 年），出生在巴黎的英国大使馆，是英国一位成功且多产的作家，在长篇小说、短篇小说和戏剧领域里都有建树。毛姆最知名、最畅销的小说是《人性的枷锁》，在这部半自传性作品中，作者将自己的口吃换成了小说主人公菲利普的跛腿， 描述了一个青年成长的历程。其他作品主要有《月亮和六便士》、《寻欢作乐》、《刀锋》及短篇小说《雨》等。

文明礼貌是踏入社会的通行证

> 礼貌使有礼貌的人喜悦，也使那些被人以礼貌相待的人们喜悦。
>
> ——孟德斯鸠

　　文明的语言、礼貌的举止能够体现一个人的内涵和修养，也有助于一个人的健康成长和事业成功。

　　方兰和孙雯是同一天来到这家著名广告公司应聘美编的。单从两个人的作品上看，技术水平不相上下。不过方兰在思路方面略胜一筹，因为她已做过 3 年的美编，所以她的经验相对于才出校门的孙雯来说自然要丰富一些。两个人一起被通知参加试用，但结果很明确，只能留下一个。

　　方兰上班时间从来都是一身 T 恤短裤的打扮，光脚踩一双凉拖鞋，也不顾电脑室的换鞋规定，屋里屋外就这一双鞋，还振振有词地说："上个公司里的人都这样，再说我这不是穿着拖鞋吗？"不管是在工作台前画图，还是在电脑前操作，只要活干得顺手，一高兴起来准得把鞋踢飞。刚开始，同事们还把她的鞋藏起来，和她开玩笑，后来发现她根本不在乎，光着脚也到处乱跑。

　　相反，孙雯是第一次工作，多少有点拘谨，穿着也像她的为人一样——

文静、雅致之外，带着少许灵气，她从来不通过发型、化妆来标榜自己是搞艺术的，只是在小饰物上显示出不同于一般女孩的审美观点来，说话温温柔柔的，很可爱。

有一天中午，电脑室的空气中忽然飘出腥臭的味道，弄得一办公室人互相用猜疑的目光观察对方的脚，想弄清到底谁是"发源地"。后来，大家发现窗台下面有嗦嗦的响声，原来那里放着一个黑色塑料袋，胆子大的打开来一看，居然是一大袋海鲜。众人的目光不约而同地集中在方兰身上，没想到她坦坦荡荡地说："小题大做，原来你们是在找这个。嗨，这可怪不得我，这里的海鲜只能是海臭，一点都不新鲜"。这时孙雯端过来一盆水："方兰小姐，把海鲜放在水里吧，我帮你拿到走廊去，下班后你再装走。"方兰边红着脸，边把袋子拎走了。

结果呢，试用期才进行了两个月，方兰背包走人，尽管她的方案比孙雯做得要好，但是老板不想因为留下这样一个太不修边幅的人，而得罪一大批其他雇员。临走的时候，老板对方兰说："方兰小姐，你的才气和个性都不能成为你搅扰别人心情的原因，也许你更适合一个人在家里成立工作室，但要在大公司里与人相处，处世得体和合作精神是十分重要的。"

荀子认为，没有礼貌，人就不能生存，事业就不能成功，国家就不能安定。礼貌待人，是公共生活中人与人之间相互关系的行为准则和道德规范。它能使社会和谐而有秩序，从而维护着社会生活的正常进行。

礼貌，既是对他人的尊重，也是对自己的尊重。来而不往非礼也，只要求别人尊敬你，你不尊敬别人，这是不礼貌的。

敬爱的刘少奇主席虽然日理万机，但却十分重视对自己子女的教育和培养。

1959年10月1日，是建国10周年纪念日。当时已是中华人民共和国主席的刘少奇，在其女儿平平参加向国庆观礼的外宾献花活动结束后，顺便父女同车回家。一上车，少奇就问："平平，你跟老师说过跟爸爸一块儿回家了吗？"平平红了脸，赶紧下车跟老师回话。上车后少奇又问平平："跟老师说'再见'了没有？"平平又跳下车去，向老师行队礼告别。可少奇还不让开车，又问平平："你跟同学们说'再见'了吗？"平平只好三次下车，向同学们一一道了别，这才上车与爸爸一起回家去。

雪佛贝利公爵说："我行善事不是为了让他人看见，而是为了自己，这就像我们不是为了让人知道我们的整洁而清洁自己，而是为了自身的整洁。"待人接物讲求谦恭礼让，也是同样的道理。

我们应该和悦地对待身份、地位比自己低的人，如果一味地将注意力倾注于名人、地位高于自己的人，那么，连最基本的礼貌也谈不上了。

只有能赢得人心的国王，才会拥有最安泰的国家。如果我们懂得谦恭礼让，就能得到征服人心的无与伦比的力量。

讲文明、懂礼貌不是空话，需要我们在实际生活小事中去做好它。从小我们就要严格要求自己，让自己做一个受欢迎的人。

言谈举止彬彬有礼是人与人之间互敬互爱、消除隔膜的桥梁。一个没有修养的青少年会以冷淡、不关心他人、言语不文明等方式伤害他人，毁坏自己的形象，相信这是每个有志青年所不愿意的。

《北京青年报》上曾登载了一条消息：一个15岁的少年因为环卫工人制止他乱扔纸屑，盛怒之下满口污言秽语不说，还对那位女清洁工拳打脚踢。此事在社会上引起了很大的反响，许多市民纷纷表示出了极大的愤慨。少年如此蛮横，的确让人痛心疾首。在我们身边，这种不讲文明礼貌的同龄人的确不是少数。我们经常能听见一些青少年朋友出口成"章"（脏），而且满脸凶相。鲁迅先生当年所尖锐抨击过的"上溯祖宗，旁及姐妹，下连子孙，遍及两性"的"国骂"，竟然在一些未成年人的嘴里如同炒豆子一样噼啪乱跳，令大人们瞠目结舌。

许多同龄人都忽视了对自己个人修养的培养，以致说脏话便成了习惯。也许他们口中飞出的污秽之语没有任何针对性，似乎也未给任何人造成心灵上的伤害，但脏话很刺耳，对一个人的形象很有杀伤力，同时也会妨碍正常的人际交往。试想，谁会喜欢和一个不讲礼貌、满嘴脏话的人成为好朋友？

世界上许多国家都很重视文明礼貌，对不讲文明礼貌的人甚至会给予严厉的惩罚。在第十五届世界杯足球比赛期间，德国著名球星艾芬伯格因为对观众做了下流的手势，被该队主教练福格茨当即开除，遣送回国。而在美国东部新泽西州的小镇拉瑞顿，其市议会通过反复研究，最后一致通过了一项法规，规定当地居民不得使用粗鲁、鄙俗、猥亵、下流等不礼貌用语。如果谁违反了这条规定，便会收到传票，并可能处以500美金的罚金和3个月的监禁。

一个人需要有礼貌，这是做人的根本。在家里对父母、兄弟姐妹要有礼貌；在学校对老师、同学要有礼貌；在单位对领导、同仁要有礼貌。

孔子曾告诫人们说："不学礼，无以立。"就是说，如果没有礼貌，怎能做好事呢？

＞名 人 简 介＜

孟德斯鸠（1689 年 –1775 年），出生于法国波尔多市附近的拉勃烈德城堡一个达官显贵之家。孟德斯鸠是 18 世纪法国伟大的启蒙思想家，他关于政治民主方面的著述在法国大革命中成为激进的雅各宾派的理论向导。但他的成就远不止此，他在一些文学作品中表现的思想艺术原则在后世得到了持续发展。其代表作是 1721 年发表的《波斯人信札》。

诚信为你创造受益一生的幸运

一个人严守诺言，比守卫他的财产更重要。

——莫里哀

为人处世，以诚相待，才能获得别人的尊重。以信立身，才能使人生成功。

有一位出名的老锁匠一生修锁无数，技艺高超，收费合理，深受人们敬重。更主要的是老锁匠为人正直，每修一把锁他都告诉别人他的姓名和地址，说："如果你家发生了盗窃，只要是用钥匙打开的家门，你就来找我！"

老锁匠老了，为了不让他的技艺失传，人们帮他物色徒弟。终于，老锁匠找到了两个合适的年轻人，准备把自己一身的本领传给其中一个。

一段时间以后，两个年轻人都学会了不少东西。但两个人中只有一个能得到真传，老锁匠决定对他们进行一次考试。

老锁匠准备了两个保险柜，分别放在两个房间，让两个徒弟去打开，谁花的时间短谁就是胜者。结果大徒弟用了不到十分钟，就打开了保险柜，而二徒弟却足足用了半小时，大家都以为是大徒弟赢了。老锁匠问大徒弟："保险柜里有什么？"大徒弟眼中放出了光亮："师傅，里面有很多钱，全是百元大钞。"老锁匠问二徒弟同样的问题，二徒弟支吾了半天说："师傅，我没看见里面有什么，您只让我打开锁，我就打开了锁。"

老锁匠十分高兴，郑重宣布二徒弟为他的正式接班人。大徒弟不服，众人不解，老锁匠微微一笑说："不管干哪一个行业都要讲一个'信'字，尤其是我们这一行，要有更高的职业道德。我的传人会是一个技艺高超的锁匠，但他必须做到心中只有锁而无其他。否则，心有私念，稍有贪心，登门入室或打开保险柜取钱易如反掌，最终只能害人害己。我们修锁的人，每个人心上都要有一把不能打开的锁。"

当我们的社会进入竞争时代的时候，很多人的信用观念早已不复存在。人们开始学习玩小聪明，耍歪手段，羡慕阴谋诡计，弄虚作假；崇尚无原则办事，拍马投机……一时间，中学大学频见捧读韬略厚黑，大商小贩倾心坑蒙拐骗。

在一个信誉被肆意践踏，信用渐被抛弃的年代，人们无不为失去这些而扼腕叹息。正因如此，在今天，信誉尤其显得珍贵无比。

一个鬼魂被判下地狱，他不服：在阳世间，他活得多好，健康、美貌、机敏、才学、金钱、荣誉……哪一样他都有，为什么偏偏死去了，却还要受尽折磨：地狱的阴暗、潮湿、饥饿……这个鬼魂找到上帝，要求去天堂。

上帝笑一笑，问："你有什么条件可以进入这极乐的天堂？"鬼魂于是把阳世间他的所有统统抖出来，带着炫耀的口气反问："所有这些，难道不足以使我去天堂吗？"说完眯起眼睛，似乎他已经到了天堂，正享受着天堂明亮的阳光的照耀，正享受着上帝耶和华的抚摸。

"难道你不知道你没有'允许进入天堂'的最重要的一种东西吗？"上帝并不恼怒，他总以平和的心态对待世间万事万物。

鬼魂嘿嘿地笑着："你已经看到了，我什么都有，我完全应该进入天堂。"

"你忘记你曾经抛弃了一种最重要的东西？"上帝面对这恬不知耻的鬼魂有了一点儿不耐烦，便直截了当地提醒他，"在人生渡口上，你抛弃了一个人生的背囊，是不是？"

鬼魂想起来了：年轻时，有一次乘船。不知过了多久，风起云涌，小船险象环生。老艄公让他抛弃一样东西，他左思右想，美貌、金钱、荣誉……他舍不得，最后，他抛弃了"诚信"。

鬼魂不服："难道仅仅因为我抛弃了诚信，就被拒之光明的天堂而进入可怕的地狱吗？"

上帝变得严肃起来："那么，之后你做了些什么？"鬼魂回想着：那次他回家后，答应母亲要好好照顾她，答应妻子永远不背叛她，答应朋友要一起做一番事业。后来，后来……他回想着，自己在外有了情人；母亲劝告他，他对母亲再也不闻不问，他不允许母亲破坏他的"幸福"；他和朋友做生意，最后却私吞了朋友的那一份，并且把他送入了监狱……

上帝打断他，说："看到没有？没了诚信，你做了多少背信弃义的勾当。天堂是圣洁的，怎么能容你这卑污的鬼魂？!"

鬼魂沉默了，他不是无所不有，而是一无所有，亲情、友情、爱情……统统随诚信而去。他，一个卑污的鬼魂，只能下地狱！

"下地狱去吧！"上帝说完，飘然而去。

当你口若悬河却没有人相信时，当你急需帮助却求助无门时，当你山盟海誓别人却一笑了之时，你是否该检验一下自己是否遗失了什么？别忘了，被人相信是一种幸福。只有诚信的人才能体会到。

始终保持言而有信才能为人所信任。

乔安是美国一家公司的销售部经理，有一次，和客户外出用餐时，他在不经意间提到他家乡所酿的土产酒味道不错，正巧客户又爱饮酒，对此很感兴趣，便顺口对吉姆说了一句："有机会回家，你带一瓶让我尝尝！"

3个月后，在与客户的一次谈判中，乔安真的给客户送来了酒。客户早就将这事忘记了，这让客户大为感动，觉得吉姆连一件小事都能记在心里，值得信赖。这次他们的合作很愉快。

在以后的日子里，这位客户成了公司最忠诚的客户。

由于乔安对每一家客户都信守诺言，所以他的业绩一直非常突出，很快就被提升到了副总经理的职位。

乔安靠什么升职加薪？不是技能，不是圆滑，而是信用。是守信的美德帮了他大忙。正所谓"人先信而后求能"。要获得别人的信任，必须先铸就自己的信誉，守信是获得成功的最根本要诀。

从前有一位贤明而受人爱戴的国王，把国家治理得井井有条。国王年纪逐渐大了，但膝下并无子女。最后他决定，在全国范围内挑选一个孩子收为义子，培养成未来的国王。

国王选子的标准很独特，给孩子们每人发一些花种子，宣布谁如果用这些种子培育出最美丽的花朵，那么谁就成为他的义子。

孩子们领回种子后，开始精心地培育，从早到晚，浇水、施肥、松土，谁都希望自己能够成为幸运者。

有个叫小泽的男孩，也整天精心地培育花种。但是，10天过去了，半个月过去了，花盆里的种子连芽都没冒出来，更别说开花了。

国王决定观花的日子到了。无数个穿着漂亮的孩子涌上街头，他们各自捧着开满鲜花的花盆，用期盼的目光看着缓缓巡视的国王。国王环视着争妍斗奇的花朵与漂亮的孩子们，并没有像大家想象中的那样高兴。

忽然，国王看见了端着空花盆的小泽。他无精打采地站在那里，国王把他叫到跟前，问他："你为什么端着空花盆呢？"

小泽抽咽着，他把自己如何精心侍弄，但花种怎么也不发芽的经过说了一遍。没想到国王的脸上却露出了最开心的笑容，他把小泽抱了起来，高声说："孩子，我找的就是你！"

"为什么是这样？"大家不解地问国王。

国王说："我发下的花种全部是煮过的，根本就不可能发芽开花。"

捧着鲜花的孩子们都低下了头，他们全部另播下了种子。

信守承诺，讲究信誉，是一个人应当拥有的基本素质之一。应诺的人，守信、守时，执着于信誉甚于一时之功利。应诺的方式随人的精神、修养、品位而异，可以是常规的、一般的信守协议、合同或"君子协定"之类，也包含十分巧妙的其他应诺的方式。

曾经有一个发生在挪威音乐家爱德华·格利戈和一个乡间小姑娘之间的故事。一次，年轻的格利戈来到乡间的森林里散步，正巧遇到了一个挎着小篮子采集鲜花和野果的8岁小姑娘达格妮。他们很快认识了，并且成了好朋友。当与小姑娘分手时，格利戈抱歉地向小姑娘说他现在没有礼物可以送给她，但是他却答应要送给她一件礼物，并且说这将是一件很好的礼物，只是他这件礼物要等到10年以后才能送给她。这使小姑娘达格妮迷惘而又感激。10年之后，达格妮已经是18岁的亭亭玉立的少女了。这位美丽的守林人的女儿，第一次离开了自己的家乡，来到了祖国的首都奥斯陆，并且第一次走进了一个正在举办露天音乐会的公园里。突然，她听到了好像又带她走进了故乡的如梦如幻的大森林的美妙旋律，她不禁忽地一下从草地上站立起来。接着，她听到了报幕员向观众报告："下一个节目，是我们的音乐大师爱德华·格利戈的最得意作品《献给守林人哈格勒普·彼得逊的女儿达格妮·彼得逊，当她年满 18 岁的时候》。"顿时，她感到全身沸腾了，她忆起了那个在 10 年前散步于她的故乡森林里的青年的承诺，那个青年所承诺的那件最好的礼物，竟是这首肯定会传遍整个挪威的、当然迟早也会传到她的耳际的乐曲。这是一种多么出人意料的应诺方式啊！

19 世纪英国浪漫主义运动的哲理诗人塞缪尔·科尔里奇曾教导自己的儿子：

"你不要去做那些眼睛所不能看见的任何事情，也就是我和你同在的时候你不愿意去做的那些事情。

"当你做错什么事情的时候，就应该像个男子汉似的立刻去承认错误。你的抱歉也许体现出你的愚拙，但是，他们却能够猜测得到你是一个非常诚实的人。一粒诚实，要远比一磅的智慧强得多。我们可能因某人的聪明和智慧而羡慕他，但我们更因他所具有的美好品质而尊敬他、爱戴他。坚持真理，襟怀坦白，以诚待人，朴实无华，是造就美好的基石。"

诚实守信是维系整个社会的纽带。一旦这根纽带腐烂了，整个社会就会人心离散，一片混乱。诚实是一面道德的镜子，以诚待人，以诚行事，以诚立信，诚实是立世之本。

1968 年，日本麦当劳社社长藤田接受美国油料公司订制 300 万个刀叉餐具的合同，交货日期为该年 8 月 1 日。藤田组织了几家工厂一起生产这批刀叉，但这些工厂一再误工，预期月底才能完工。但从东京海运到美国路途遥远，8 月 1 日肯定交不了货，若用空运，就会损失一大笔利润。

这时，藤田面对的，一边是利润的损失，一边是信用的缺失。思量再三，他决定租用一架货机空运。最后，花费了 30 万美元的空运费，将货物按时运到。

虽然这次藤田损失很大，但赢得了美国油料公司的信任。在以后的几年里，油料公司向藤田订制大量餐具，藤田也因此得到了丰厚的利润。

信用是你在人生银行的存款，你只有先存入资金，才有使用它的权利。如果你只想索取而不想存入，是绝不可能的。

1835 年，摩根先生成为一家名叫"伊特纳火灾"的小保险公司的股东，因为这家公司不用马上拿出现金，只需在股东名册上签上名字就可成为股东。这符合摩根先生没有现金但却能获益的设想。

很快，有一家在伊特纳火灾保险公司投保的客户发生了火灾。按照规定，如果完全付清赔偿金，保险公司就会破产。股东们一个个惊惶失措，纷纷要求退股。

摩根先生斟酌再三，认为自己的信誉比金钱更重要，他四处筹款并卖掉了自己的住房，低价收购了所有要求退股的股东，然后他将赔偿金如数付给了投保的客户。

这件事过后，伊特纳保险公司成了信誉的象征。

已经身无分文的摩根先生成为保险公司的所有者，但保险公司已经濒临破产。无奈之中他打出广告，凡是再到伊特纳火灾保险公司投保的客户，保险金一律加倍收取。

不料客户很快蜂拥而至。原来在很多人的心目中，伊特纳公司是最讲信誉的保险公司，这一点使它比许多有名的大保险公司更受欢迎。伊特纳火灾保险公司从此崛起。

过了许多年，摩根的公司已成为华尔街的主宰。而当年的摩根先生正是美国著名的摩根家族的创始人。

摩根先生因为在信用这个存折上有很大的积蓄，他才取得了成功。你我都一样，想成就自己的事业，必须不断地往人生存折上存入诚信，只有我们存有诚信，我们才能使用它。

《敏拉波尼》杂志的出版人琼斯，刚开始只是一名普通职员，他就是靠信用树立了自己的声誉，最后成了一家报馆的主人。

琼斯在开始他的创业计划时，首先向一家银行贷了2000美元。他说："我之所以贷款，是为了树立我守信用的形象。其实我根本没有动过这笔钱。当借期一到，我便立即将这2000美元钱还给银行。几次之后，我就得到了这家银行的信任，借给我的数目也大起来。我计划出版一份商业报纸，办报大概需要2.5万美元的资金，而我手头只有5000美元，于是我去找每次贷给我钱的那个职员。当我提出向他贷2万美元的时候，他考虑了一下说：'我和你虽然不是很熟悉，但我知道，您每次贷款后都能按时还清，我愿意贷给你。'"就这样，琼斯用这笔资金开创了自己的事业，并走上了成功之路。

没有人愿意浑浑噩噩地度过一生，你要想树立一个良好形象，成就一番事业，那你就一定要注意，不论大事小事，都要讲信用，不断为自己的人生银行存款，并切记，不要透支，青少年站在人生门槛上，一定要经营好你的诚信账户。有一笔丰厚的诚信财产，你的一生都会受益无穷。

＞名人简介＜

　　莫里哀（1622年－1673年），法国喜剧作家、演员、戏剧活动家。生于巴黎一个具有王室侍从身份的家庭。中学受到良好教育。1643年向父亲宣称放弃世袭权利，之后13年间过着流浪艺人的生活，历经坎坷，却加深了对法国社会的观察和理解，也磨炼了他戏剧艺术的才华。他是杰出的喜剧诗人、编剧戏剧理论家，又是优秀的演员，饰演了许多重要的角色，演技和嗓子为当时的人们所称道。　莫里哀共留下33部剧作和8首诗，主要作品有《可笑的女才子》、《达尔杜弗》、《吝啬鬼》、《贵人迷》、《没病找病》。

克己自律才能把握未来

> 必须严于律己，要锻炼吃苦耐劳精神，不论困难和后果如何，决不被吓倒。
>
> ——阿拉法特

自律是一种心态。如果我们懂得自律，就能时常反省自己，让自己始终拥有不断进取的动力。

有位管理员为了显示他对富兰克林一个人在排版间工作的不满，把屋里的蜡烛全部收了起来。这种情况一连发生了好几次。有一天，富兰克林到库房里赶排一篇准备发表的稿子，却怎么也找不到蜡烛了。

富兰克林知道是那个人干的，忍不住跳起来，奔向地下室，去找那个管理员，当他到那儿时，发现管理员正忙着烧锅炉，同时一面吹着口哨，仿佛什么事情也没发生。

富兰克林抑制不住愤怒，对着管理员就破口大骂，一直骂了足有5分钟，他实在想不出什么骂人的语句了，只好停了下来。这时，管理员转过头来，脸上露出开朗的微笑，并以一种充满镇静与自制的声调说："呀，你今天有些激动，是吗？"

他的话就像一把锐利的短箭，一下子刺进了富兰克林的心里。

想想看，那时候富兰克林会是什么感觉。站在富兰克林面前的是一位文盲，他既不会写也不会读，虽然所做的事不够光明磊落，他却在这场"战争"中打败了富兰克林。更糟糕的是，富兰克林的做法不但没有为自己挽回面子，反而增加了他的羞辱。他开始反省自己，认识到了自己的错误。

富兰克林知道，只有向那个人道歉、内心才能平静。他下定决心，来到地下室，把那位管理员叫到门边，说："我回来为我的行为向你道歉，如果你愿意接受的话。"

管理员笑了，说："你不用向我道歉，没有别人听见你刚才说的话，我不会把它说出去的，我们就把他忘了吧。"

这段话对富兰克林的影响更甚于他先前所说的话。他向管理员走去，抓住他的手，使劲握了握。他明白，自己不是用手和他握手，而是用心和他握手。

在走回库房的路上，富兰克林的心情十分愉快，因为他鼓足了勇气，化解了自己做错的事。

从此以后，富兰克林下定了决心，以后决不再失去自制，因为凡事以愤怒开始，必以耻辱告终。你一旦失去自制之后，另一个人——不管是一名目不识丁的管理员，还是有教养的绅士，都能轻易地将你打败。

在找回自制之后，富兰克林身上也很快发生了显著的变化，他的笔开始发挥更大的力量，他的话也更有分量，并且结交了许多朋友。这件事成为富兰克林一生当中最重要的一个转折点。后来，成功的富兰克林回忆说："一个人除非先控制自己，否则他将无法成功。"

宽以待人，严以律己是一种人生态度。这里说的律己就是自律。自律是组成健全人格的一个重要元素。

自律是自己管理自己、自己尊重自己、自己塑造自己。一个能自我管理的人，是一个成熟的人，是一个为自己负责任的人。

一个成功的人既要别人的监督，又要自己的监督。别人的监督可以发现自己发现不了的事情，自己的监督就是自律。东汉末年，杨修以才思敏捷、颖悟过人而闻名于世，他在曹操的丞相府担任主簿，为曹操掌管文书事务。曹操为人诡谲，自视甚高，因而常常爱弄些小聪明，以刁难部下为乐。不过，杨修的机灵、颖悟又高过曹操，致使曹操常常生出许多自愧不如的感慨和酸溜溜的妒意。

建安十九年春，曹操亲率大军进驻陕西阳平，与刘备争夺汉中之地。刘军防守严密，无懈可击，又逢连绵春雨，曹军出战不利。曹操见军事上毫无进展，颇有退兵的意思。

这天，曹操独自一人吃着饭，同时也在思考下一步的行动。一个军令官前来请示曹操，当晚军中用什么口令。军中规定每晚都要变换口令，以备哨兵盘查来人。此时，曹操正用筷子夹着一块鸡肋骨，于是脱口而出："鸡肋。"军令官听了也觉没有什么奇怪。

消息传到杨修耳里，他便整理笔札、行装，作离开的准备。一个年轻的文书见状后问道："杨主簿，这天天要用的东西，有什么好收拾的？明天还不是要打开？"

"不用了，小兄弟，我们马上就可以回家。"杨修诡秘地一笑说。

"什么？要回家了？丞相要撤退，连点蛛丝马迹也没有啊。"小文书不解地看着杨修。

杨修淡然一笑说："有啊，只是你没有察觉到罢了。你看，丞相用'鸡肋'作军中口令，'鸡肋'的含义不就是'食之无肉，弃之可惜'吗？丞相正是用它来比喻我军现在的处境。凭我的直觉，丞相已考虑好撤军的事了。"

消息又传到夏侯惇那里，夏侯惇听了也觉得有理，便下令三军整理行装。当晚，曹操出来巡营时一见，大吃一惊，急令夏侯惇来查问，夏侯惇哪敢隐瞒，照实把杨修的猜度告诉了曹操。对杨修的过分机灵早已不快的曹操，这下子抓到了把柄，立即以惑乱军心的罪名，把杨修杀了。

后来的事实证明，曹操虽杀了杨修，终于还是下令退离了汉中。然而，就杨修而言，他早晚必死无疑。

因为他几次三番地逞口舌之快，不能在曹操面前收敛自己，而把小聪明用在一些无用的小事上面，又不顾忌上下尊卑，随心所欲地言行。

如此缺乏自律的习惯，在任何一个有"规矩"的社会中都是容不下的，渴望成功也只能成为泡影。

曾有人对各监狱里的成年犯人做过一项调查，发现一个惊人的事实：这些犯人之所以沦落到监狱中，有90%的人是因为他们缺乏必要的自制，就是这一点，让他们堕入罪恶的深渊。由此可见，失去自制的后果是多么可怕。

自制是一个人一生中最难得的美德，它是一个人成功道路上的平衡器。自制体现了人类的勇气，是人类所有高尚品格的精髓，不能进行自我控制，就不会有真正的人，也就不会有成功的人。所以，一切美德的根本体现就是人的自制，它是取得事业成功的前提。

在自制力的调节下，能够帮助人选择正确的活动动机，调整行动目标和行动计划。

自制力强的人，能理智地控制自己的欲望，分别以轻重缓急去满足那些社会要求和个人身心发展所必需的欲望，对不正当的欲望坚决予以抛弃。

服务于英国警界30多年的尼格尔·柏加，在日内瓦举行的一次国际退役警员协会周年大会上，荣获"世界最诚实警察"的美誉。

尼格尔·柏加现年54岁，未婚。有一次，他到英格兰风景如画的湖泊区度假，发现自己在限速30公里区域内以时速33公里驾驶之后。给自己开了一张违例驾驶传票。他回忆道："由于当时见不到其他警员在场，无人抄牌，而最简单的办法莫过于把车停在路旁，走下车来，写一张传票给自己。"

驶抵市区后，他立刻把这件事报告交通当局。主管违例驾车案件的法官起初大感意外，继而大受感动，他说："我当了多年法官，从未遇到过这样的案件。"结果，他判罚尼格尔25英镑。

尼格尔的自律是一以贯之的。无论是在工作上，还是生活上，他都是一个严以律己的人。有一次，他的母亲在公园散步时擅自摘取花朵，作为帽饰，当他发现后毫不留情地把母亲拘控。不过，罚款定了以后，他立刻替母亲交付那笔罚款。他解释说："她是我母亲，我爱她，但她犯了法，我有责任像拘控任何犯法的人一样拘控她……"

尼格尔是令人敬佩的，但世界上这样的人毕竟只是极少数，否则他也不可能荣获"世界最诚实警察"的美誉了。

自我控制是一种克制或节制，自我约束是一种美德，是文明战胜野蛮、理智战胜情感、智慧战胜愚昧的表现。

自我控制不但能使生活之路变得平坦，还能开辟出许多新道路，如果没有这种自我控制，就不能有所创新。在政治上，春风得意的人并非因为天赋非凡，而是因为性情的非凡才使他获得成功。如果我们没有自我控制的能力，就会缺乏忍耐精神，既不能管理自己，也不能驾驭别人。

　　在人生的旅途中，为了实现目标，也许你必须干一些自己不想干的事，放弃一些自己深深迷恋的事，这样就感到了一定的"约束"。但是，为了生活，为了目标，我们不能试图摆脱一切"约束"，而是应该在"约束"的引导下，一步步沿着既定的目标，稳妥地前进。

　　控制自己不是一件非常容易的事情，因为我们每个人心中永远存在着理智与感情的斗争。"做自己高兴做的事"，或者采取一种不顾一切的态度并不是真正的自由。你应该有战胜自己的感情，控制自己命运的能力。如果任凭感情支配自己的行动，就使自己成了感情的奴隶。

　　如果你今天计划做某件事，是否能离开温暖的小窝义无反顾地披衣下床？如果你要远行，但身体乏力，你是否要取消旅行的计划？如果你正在做的一件事遇到了难以克服的困难，你是继续做呢，还是停下来等等看？对诸如此类的问题，若在纸面上回答，答案一目了然，但当你身在其中，自己去拷问自己时，恐怕就不会回答得那么干脆了。眼见的事实是，有那么多的人一旦在生活、工作中遇到了难题，就被吓倒了。他们不是不会简单地回答这些问题，而是在思想上难以控制自己。

　　自制，就要克制欲望。自制不仅仅是在物质上克制欲望，更重要的是精神上的自制。

　　在日常生活中，时时提醒自己要自律，有意识地培养自律精神。比如，针对你自身性格上的某一缺点或不良习惯，限定一个时间期限，集中纠正，效果会比较好。

　　富兰克林说："我们判断一个人，更多的是根据他的品格而不是根据他的知识；更多的是根据他的心地而不是根据他的智力；更多的是根据他的自制力、耐心和纪律性，而不是根据他的天才。"

> 名 人 简 介 <

　　阿拉法特(1929年–2004年)，巴勒斯坦国总统、巴勒斯坦解放组织执行委员会主席、巴勒斯坦民族权力机构主席。他1994年获诺贝尔和平奖，同年获"阿斯图里亚斯王子1994年度国际合作奖"。

责任助我们成长

> 从他被投进这个世界的那一刻起，就要对自己的一切负责。
>
> ——萨特

　　我们不但要对别人负责，而且要对自己负责，有了责任意识，也就多了一份安身立命的资本。

　　在火车上，一位孕妇临盆，列车员广播通知，紧急寻找妇产科医生。这时，一位妇女站出来，说她是妇产科的。女列车长赶紧将她带进用床单隔开的病房。毛巾、热水、剪刀、钳子，什么都到位了，只等最关键时刻的到来。产妇由于难产而非常痛苦地尖叫着。那位妇产科的女子非常着急，将列车长拉到产房外，说明产妇的紧急情况，并告诉列车长她其实只是妇产科的护士，并且由于一次医疗事故已被医院开除。今天这个产妇情况不好，人命关天。她自知没有能力处理，建议立即送往医院抢救。

　　列车行驶在京广线上，距最近的一站还要行驶一个多小时。列车长郑重地对她说："你虽然只是护士，但在这趟列车上，你就是医生，你就是专家，我们相信你。"

列车长的话感动了护士，她准备了一下，走进产房前又问："如果万不得已，是保小孩还是大人？"

"我们相信你。"

护士明白了。她坚定地走进产房。列车长轻轻地安慰产妇，说现在正由一名专家在给她手术，请产妇安静下来好好配合。

出乎意料，那名护士单独完成了她有生以来最为成功的手术，婴儿的哭声宣告了母子平安。

那对母子是幸福的，因为遇到了热心人；但那位护士更是幸福的，她不仅挽救了两个生命，而且找回了自信与尊严。因为责任，因为信任，她由一个不合格的护士成了一名优秀的医生。

相信你一定知道"国家兴亡，匹夫有责"的道理。不仅如此，在这个社会中，我们每个人都需要承担那么一点属于自己的责任。正因为有了责任，我们才在人生漫长的旅途中挫而不败，坚强而又倔强地迈过每一道艰难的门槛；也正因为我们坚信责任，才在每一次精彩的收获之后坦然而谦恭，不断地追求着一个个积极的目标。

因为责任，你将更加成熟。

世上有许多事情是我们无法控制的，但我们至少可以控制自己的行为。如果不对自己的过去行为负责，我们就不可能对自己的未来负责。

亚伯拉罕·林肯说："逃避卸责，难辞其咎。"

逃避责任之风由来已久。

耶和华将亚当和夏娃安置在伊甸园中，吩咐他们："园中树上的各样果子，你们可以随意吃。只是善恶树上的果子，你们不可吃。"

亚当和夏娃吃了善恶树上的果子，才突然发现自己赤身露体，从此有了羞耻感。为了躲避耶和华，他们藏在园里的树木中。耶和华呼唤亚当："你在哪里？"亚当说："因为我赤身露体，我便藏了。"耶和华说："莫非你吃了我吩咐你不可吃的树上的果子吗？"于是亚当踢出人类第一个皮球："是你所赐给我、与我同居的女人，她把那树上的果子给我吃，我就吃了。"

耶和华对夏娃说："你做的是什么事呢？"夏娃又把皮球踢开："那蛇引诱我，我就吃了。"可怜的蛇没有脚，不会踢皮球。耶和华惩罚它："你既做了这事，就必受诅咒，比一切的牲畜野兽更甚。你必用肚子行走，终身吃土。"

勇于为自己的过错承担责任，哪怕为此付出代价，这是一种良好的品质。卡耐基说："蠢人才会试图为自己的错误辩护。"而更愚蠢的是试图让别人替自己的错误埋单。

承认错误，并从中吸取教训，才是明智之举。

1920 年，有个 11 岁的美国男孩踢足球时，不小心打碎了邻居家的玻璃。邻居向他索赔 125 美元。在当时，125 美元是笔不小的数目，足足可以买 125 只生蛋的母鸡！闯了大祸的男孩向父亲承认了错误，父亲让他对自己的过失负责。男孩为难地说："我哪有那么多钱赔人家？"

父亲拿出 125 美元说："这钱可以借给你，但一年后要还我。"从此，男孩开始了艰苦的打工生活。经过半年的努力，终于挣够了 125 美元这一"天文数字"，还给了父亲。这个男孩就是日后成为美国总统的罗纳德·里根。

他在回忆这件事时说，通过自己的劳动来承担过失，使他懂得了什么叫责任。

要想成就事业，责任心是必不可少的。凡事推卸责任，找人代过，这种人我们是避而远之的，更别说委以重任。勇于承担责任，并用自己的劳动来补偿，不仅会赢得别人的尊重和信任，更是对自己的一种考验和锻炼。

那年于丽刚从大学毕业，分配在一个离家较远的公司上班。每天清晨 7 时，公司的专车会准时等候在一个地方接送她和她的同事们。

有一天于丽起晚了，当她匆忙中奔到专车等候的地点时，已经 7 点过 5 分。班车开走了。站在空荡荡的马路边，她茫然若失。一种无助和受挫的感觉第一次向她袭来。

就在她懊悔沮丧的时候，突然看到了公司的那辆蓝色轿车停在不远处的一幢大楼前。她想起了曾有同事指给她看过那是上司的车，她想真是天无绝人之路。她向那车走去，在稍稍犹豫后打开车门悄悄地坐了进去，并为自己的聪明而得意。

为上司开车的是一位慈祥温和的老司机。他从反光镜里已看她多时了。这时，他转过头来对她说："你不应该坐这车。"

"可是我的运气真好。"她如释重负地说。

这时，她的上司拿着公文包飞快地走来。待他在前面习惯的位置上坐定后，她才告诉他的上司说："班车开走了，想搭您的车子。"她以为这一切合情合理，因此说话的语气充满了轻松随意。

上司愣了一下。但很快坚决地说："不行，你没有资格坐这车。"然后用无可辩驳的语气命令："请你下去！"她一下子愣住了——这不仅是因为从小到大还没有谁对她这样严厉过，还因为在这之前她没有想过坐这车是需要一种身份的。当时就凭这两条，以她过去的个性是定会重重地关上车门以显示她对小车的不屑一顾，而后拂袖而去。可是那一刻，她想起了迟到将对她意味着什么，而且她那时非常看重这份工作。于是，一向聪明伶俐但缺乏生活经验的她变得从来没有过的软弱。她近乎用乞求的语气对上司说："我会迟到的。"

"迟到是你自己的事。"上司冷淡的语气没有一丝一毫的回旋余地。

她把求助的目光投向司机，可是老司机看着前方一言不发。

他们在车上僵持了一会儿。最后，让她没有想到的是，他的上司打开车门走了出去。坐在车后座的她，目瞪口呆地看着有些年迈的上司拿着公文包向前走去。他在凛冽的寒风中拦下了一辆出租车，飞驰而去。泪水终于顺着她的脸腮流淌下来。

老司机轻轻地叹了一口气："他就是这样一个严格的人。时间长了，你就会了解他了。他其实也是为你好。"老司机给她说了自己的故事。他说他也迟到过，那还是在公司创业阶段，"那天他一分钟也没有等我，也不要听我的解释。从那以后，我再也没有迟到过。"他说。

她默默地记下了老司机的话，悄悄地拭去泪水，下了车。那天她走出出租车踏进公司大门的时候，上班的钟点正好敲响。她悄悄而有力地将自己的双手紧握在一起，心里第一次为自己充满了无法言语的感动，还有骄傲。

从这一天开始，她长大了许多。

成功的人不仅承担责任，他们还希望增加责任，以便激发更多的能力。事实上，你承担的责任越多，你处理事情的能力就越强。一个人的能力是用不完的。你也许会用完时间，但是你不会用完能力，能力如同智慧一样，越用越多。不要躲避任何发挥自己能力的机会。承担责任、抓住机会，因为这会增加你的能力。

那些失败的人是不会接受责任的，对于发生在他们身上的事情，他们总是喜欢埋怨，他们把自己不能成功的原因归结为别人。

正因为有无数默默无闻的英雄在艰苦创业，才有了今日中国的"脊梁"。只有以社会为己任，成功才是到达了真正的境界。

责任是我们走向成熟的标志之一，责任感应从小培养，不能因为责任较小而忽略了它，也不能费尽心思寻找借口逃避任何责任。

责任是一双眼，它可以洞察我们是否在逐渐走向成熟。其实，尽职尽责一直都是被当作一种美德来赞颂的。我们要培养自己对任何事情都富有责任心，这不单是对别人负责，同时也是对自己负责。而一旦我们富有了责任意识，也就多了一份安身立命的资本。只有责任才能树起生命的脊梁。

＞名 人 简 介＜

让－保罗·萨特（1905 年－1980 年），法国当代著名作家，哲学家，存在主义文学的创始人。曾公开拒领诺贝尔文学奖。其主要著作有《存在与虚无》、《辩证理性批判》、《墙》、《恶心》、《自由之路》、《密室》、《肮脏的手》、《死无葬身之地》、《魔鬼与上帝》、《涅克拉索夫》、《词语》等。

节俭让你一生安稳无忧

> 正直的人厉行节约，注意细水长流，不会大手大脚、胡支滥花，因此他决不会沦落到打肿脸充胖子或借债度日的地步。
>
> ——塞缪尔·斯迈尔斯

　　节俭不仅是一种美德，而且是我们积累财富的手段，从小养成节俭的习惯，让我们一生都受益无穷！

　　洛克菲勒垄断资本集团的创始人约翰·戴维森·洛克菲勒，1839 年出生于一个医生家庭，生活并不宽绰，艰难的生活使他养成了一种勤俭的习惯和奋发的精神。他在 6 岁时，决心自己创业。虽然他时常研究如何致富，但始终不得要领。一天，他在报纸上看到一则广告，是宣传一本发财秘诀的书。洛克菲勒看后喜出望外，急忙照着广告注明的地址到书店购买这本"秘书"。该书不能随便翻阅，只有买者付了钱后，才可以打开。洛克菲勒求知心切，买后匆匆回家打开阅读，岂知翻开一看，全书仅印有"勤俭"二字，他又气又失望。洛克菲勒当晚辗转不能成眠，由咒骂"发财秘书"的作者坑人骗钱，渐渐细想作者为什么全书只写两个字，越想越觉得该书言之有理，感到要致富确实必须靠勤俭。他大彻大悟后，从此不知疲倦地勤奋创业，并十分注重节约储蓄。就这样，他坚持了 5 年多的打工生涯，节衣缩食，积存了 800 美元。经过多年的观察，洛克菲勒看清了自己的创业目标：经营石油。经过几十年的奋斗，他终于成为美国石油大王。

无论家中生活条件是否优裕，我们都应养成勤劳节俭的美德。一个懒惰成性、习惯奢侈的人不可能取得事业上的成功。事实上，大凡事业有成就之人，他们都是勤劳节俭的人，他们通过自己的努力适时储备了人生的第一桶金。

节俭不是口号，要靠实际行动，在身体力行中，我们更能体验到节俭的意义和价值。

日本是个经济大国、金钱大国，可日本商人中力求节俭的人则比比皆是。不动产巨头、连续两年被美国《福布斯》杂志列为世界首富的森泰吉朗年近九十，虽腰缠万贯，却生活俭朴。他没有别墅，没有豪华游艇，不吸烟，不喝酒，每周坚持上三天班，自带盒饭。他自我评论说："即使我被称为世界首富，我确实还和我父亲一样，仅仅是个房东而已。"三菱集团的创始人岩崎弥大郎曾有个比喻说："我认为涓滴之漏比溢出来的还可怕，因为酒桶如果有个大漏洞，谁都会很快发现，但是，桶底有个毛发般的小孔，却不大容易被注意到。"这是一个关于注意节俭，从小处着眼的精辟见解。为此，他从创业初就十分注意从微小处节俭、日立公司这个 20 世纪 80 年代的大企业给员工的要求是用不着的电灯一定立刻关掉，无论是写便条还是随便记什么东西，必须尽量用旧纸，电脑用过的纸也必须整理订好再用。丰田公司则有个节俭的招数叫"算好再做"。例如开会，在开会前要估算与会者每一秒钟价值多少，算出这次会议的"成本"，然后告诫与会者必须节约时间。在接待来客中，丰田公司一般不安排隆重的宴会招待，也不会派专车接送，因为他们算过，用公车要用司机，要交各种税，要买汽油、买保险、搞维修……这些开支倒不如"打的"或乘地铁更合算。

中国是个礼仪之邦，历来崇尚节俭，视节俭为美德。这种民族传统在现代商人中也不免留下深深的烙印。台湾企业家王永庆可算是个世界级的巨富了，可是这个巨富，却在花销上特别节俭。他牢记中国的俗语"富不过三代"，严格控制子女乱花钱，当发现孩子的母亲、祖母心疼孩子手头拮据偶尔送钱给孩子时，王永庆毅然将孩子送往国外，以使孩子脱离开家人的庇护。王永庆不仅这样教育孩子，他自己在生活中也是能省的决不浪费。

有一次，他发现他用的牙签是一头尖的，另外一头刻花，比较贵，而市场上两头尖的牙签比较便宜，便告诉秘书："以后买两头尖的牙签，可以两边使用，又便宜。"他喝奶精，往往将小铝箔奶精盒中残留的奶精用一匙咖啡洗净后再倒入咖啡杯中食用掉，可谓不弃一丝一滴。靠节俭美德，王永庆获得了生意上的成功，受节俭思想的熏陶，他的爱女凭一张文凭、一把刮胡刀，在外独闯天下，同丈夫简明仁用 2.5 万美元积蓄在台湾创立了大众电脑公司，成了一家年营业额高达三四十亿元企业的总经理。

可以用三个词来勾画富人的肖像，那就是：节俭！节俭！再节俭！

有人问百万富翁约翰尼："你购买一套服装，最多花过多少钱？"

约翰尼把眼睛闭上片刻。显然，他在认真回忆。观众悄然无声，都料想他会说："大约在 1000 美元至 6000 美元之间。"但是事实表明，观众的想法是错的。这位百万富翁这样说："多的一次……最多的一次……包括给自己买的、给我妻子琼买的、给我儿子巴迪、达里尔和给女儿怀玲、金格买的……最多一次花了 399 美元。噢！我记得那是我花得最多的一次。买那套服装是因为一个十分特殊的原因——我们结婚 25 周年庆祝宴会。"

观众对约翰尼的陈述会有什么反应呢？可能大吃一惊，不相信。事实上，人们的预想和大多数美国百万富翁的实际情况并不一致。

每一个年轻人都应该知道，除非他养成节俭的习惯，否则他将永远不能积聚财富。

节俭并不是对生活的一种苛求，更不是什么吝啬，可以说它是一种生活的智慧，是对自己所拥有的资源进行最合理配置的方法和艺术，它不仅能使我们的财富更多一些，而且能使得我们的生活更有情趣，更富有挑战性。

节俭不仅适用于金钱问题，而且也适用于生活中的每一件事，从合理地使用自己的时间、精力，到养成勤俭的生活习惯。节俭意味着科学地管理自己和自己的时间与金钱，意味着最明智地利用我们一生所拥有的资源。

节俭不仅是积累财富的一块基石，也是许多优秀品质的根本所在。节俭可以提升个人的品性，厉行节俭对人的其他能力也有很好的助益。节俭在许多方面都是卓越不凡的一个标志。节俭的习惯表明人的自我控制能力，同时也证明一个人不是其欲望和弱点的不可救药的牺牲品，他能够支配自己的金钱，主宰自己的命运。

我们知道一个节俭的人是不会懒散的，他有自己的生活规律。他精力充沛，勤奋刻苦，而且比起那些奢侈浪费的人更加诚实。

节俭是人生的导师。一个节俭的人勤于思考，也善于制订计划。他有自己的人生规划，也具有相当大的独立性。

我们都知道，两次获得诺贝尔奖的居里夫人是俭朴生活的典范。她和彼埃尔·居里结婚时的新房里，只有两把椅子，正好一人一把。居里觉得两把椅子未免太少，建议多添几把，为的是来了客人好让人家坐一坐。居里夫人却说："有椅子是好的，可是，客人坐下来就不走啦。为了多一点时间搞科学，还是一把不添吧。"

几度春秋之后，这对没有给自己的新房增添一把椅子的年轻夫妇，却给世界化学宝库增添了两件闪闪发光的稀世珍宝——钋和镭。

从 1933 年起，居里夫人的年薪已增至 4 万法郎，但她照样"吝啬"。她每次从国外回来，总要带回一些宴会上的菜单，因为这些菜单都是很厚很好的纸片，在背面书写物理、数学算式，方便极了。她的一件毛料旅行衣，竟穿了一二十年之久。有人说居里夫人一直到死"总像一个匆忙的贫穷妇人"。

有一次，一位美国记者追踪这位著名学者，走到村子里一座渔家房舍门前，他向赤足坐在门口石板上的一位妇女打听居里夫人，当她抬起头时，记者大吃一惊：原来她就是居里夫人！

现实生活中，随着生活条件的改变，一些人忽视了勤劳节俭的传统美德，日子稍稍好过一些，就一味地追求奢侈，要过富翁甚至"帝王"瘾：桌子是老板桌，吃的是黄金宴，住的是豪华别墅，洗的是桑拿浴，玩的是高尔夫球，唱的是卡拉 OK 等等，一味追求的是奢华风。其实，这种生活观念是不正确的，富裕和奢侈浪费不能相伴而生。众所周知，华人首富、香港超人李嘉诚先生手腕上至今还是那块 50 块钱的老式表。这种节俭的习惯在他身上一直保持至今。

不管社会发生了怎样的变化，我们都应该从小就继承勤劳节俭的优良传统，这是我们日后走向成功所不可缺少的。

"一个人生活越节约，他的心灵与上帝越接近。"这是卡尔·威特的父亲对卡尔说的话。父亲自己就是一个节约的人，他把卡尔也教育成这样的人。

在他们家里，向来奉行节约，从小卡尔就知道不能浪费一粒粮食，吃饭时要把盘子里的东西吃得干干净净，这样不但不会受到鄙视，反而会受到表扬。小时候，卡尔的父亲只给他买了一套积木玩具，其他玩具都是父亲自己做给他的。卡尔穿的衣服是用大人的旧衣改做的，卡尔有一只玩具小熊，也是母亲用做衣服剩下的边角余料做的，因为那时卡尔非常喜欢别的孩子的玩具小熊。就这样，在卡尔生活的这些细节中，父亲随时提醒他不要浪费东西，要养成节约的好习惯。

有一次，卡尔去一个朋友家做客，晚餐时，厨师为朋友的女儿特别做了一盘酸奶油蘑菇，可是，小女孩却一点也不吃，将这盘菜全都倒在了地上，只因为这道菜不合她的口味！从这点卡尔可以看出，这个小女孩平时一定是被宠惯了的。

看见朋友对这种行为居然熟视无睹，卡尔忍不住说道："真浪费呀！这么好的蘑菇不吃就倒掉。""有什么浪费，树林里多的是。要吃的话，明天叫佣人们再去采就是了。"小女孩说。"可是去采也是很辛苦的呀！你这是不尊重别人的工作。""不会啦！有什么辛苦呢？采蘑菇是一件很好玩的事呀！""真的吗？那我们两个人把这个星期采蘑菇的工作承包下来，怎么样？""好啊！我正想去森林中玩呢！有你和我一起，爸爸一定会答应的。"于是，每天早晨，卡尔和小女孩去 5 英里之外的森林采一篮蘑菇回家。开始的头两天，小女孩兴致很高。第三天有些受不了了，开始叫苦叫累，第四天就完全不行了。她说，她腰酸背痛不能去了。不过这几天，不管蘑菇做得味道如何，她都能吃得干干净净、一片不剩。偶尔她的父亲要扔掉一片，她都阻止道："哎！太浪费了，你不知道我采得多辛苦吗？"从此之后她明白了，节约是对劳动的最大尊重，因为一切东西都是来之不易的。

节约既是对创造财富的劳动者的尊重，也是对用自己血汗钱购买物品的父母的尊敬。节约不仅使家里的各种东西充分发挥作用，而且也有利于我们独立生活能力的提高。

英国著名文学家罗斯金说："通常人们认为，节俭这两个字的含义应该是'省钱的方法'；其实不对，节俭应该解释为'用钱的方法'。也就是说，我们应该怎样去购置必要的家具，怎样把钱花在最恰当的用途上，怎样安排在衣、食、住、行以及教育和娱乐等方面的花费。总而言之，我们应该把钱用得最为恰当、最为有效，这才是真正的节俭。"

如果你养成了节俭的习惯，那么就意味着你具有控制自己欲望的能力，意味着你已开始主宰你自己，意味着你正培养一些最重要的个人品质，即自力更生、独立自主，以及聪明机智和创造能力。换句话说，就意味着你有了追求，你将会是一个卓有成就的人。

＞名人简介＜

塞缪尔·斯迈尔斯（1812年—1904年），英国19世纪伟大的道德学家，他写过许多脍炙人口的人生随笔作品，如《自己拯救自己》、《品格的力量》、《人生的职责》、《金钱与人生》等等，在全球畅销一百多年而不衰，改变了亿万人民的命运，他被誉为"西方的成功学之父"、"卡耐基的精神导师"。

心态，左右你的一生

自信为你插上腾飞的翅膀

> 要有自信，然后全力以赴——假如具有这种观念，任何事情十之八九都能成功。
>
> ——威尔逊

信心可以移山，可以改变历史的进程，可以治疗伤痛，也可以创造财富。

多年前的一个夜晚，一位叫亨利的青年移民，站在河边发呆。这天是他30岁生日，可他不知道自己是否还有活下去的必要。因为亨利从小在福利院里长大，身材矮小，长相也很丑陋，讲话又带着浓厚的法国乡下口音，所以他一直很瞧不起自己，认为自己是一个既丑又笨的乡巴佬，连最普通的工作都不敢去应聘，没有工作，也没有家。

就在亨利徘徊于生死之间的时候，与他一起在福利院长大的好朋友约翰兴冲冲地跑过来对他说："嗨，亨利，告诉你一个好消息！"

"好消息从来就不属于我。"亨利一脸悲伤。

"不，我刚刚从收音机里听到一则消息，拿破仑曾经丢失了一个孙子。播音员描述的相貌特征，与你丝毫不差！"

"真的吗，我竟然是拿破仑的孙子？"亨利一下子精神大振。联想到爷爷曾经以矮小的身材指挥着千军万马，用带着乡下口音的法语发出威严的命令，他顿感到自己矮小的身材同样充满力量，讲话时的法国口音也带着几分高贵和威严。

第二天一大早，亨利便满怀自信地来到一家大公司应聘。

若干年后，已成为这家大公司总裁的亨利，查证到自己并非拿破仑的孙子，但这早已不重要了。

自信是成功最重要的力量之一。自信是对自己百分百的肯定，自信是相信自己有能力做好某一件事。一个人的自信决定了他的能量、热情以及自我激励的程度。一个拥有高度自信的人，一定会拥有强大的个人力量，他做任何一件事几乎都会成功。你对自己越自信，你就越喜欢自己，接受自己，尊敬自己。

一位风烛残年的哲学家很想找一位优秀的关门弟子。他觉得自己的助手不错，但不确定助手是否有足够的勇气和信心，于是他把助手叫到床前说："我的蜡所剩不多了，得找另一根蜡接着点下去，你明白我的意思吗？"

"明白，"助手赶忙说，"您的思想光辉是得很好地传承下去。"

"可是，"哲学家说，"我需要一位最优秀的传承者，他不但要有相当的智慧，还必须有充分的信心和非凡的勇气……你帮我寻找和发掘一位好吗？"

助手温顺地说："好的，我一定会竭尽全力去寻找的。"

此后的日子里，勤奋的助手不辞辛劳地领来一位又一位人选，但都被哲学家谢绝了。半年之后，哲学家眼看要告别人世，但最优秀的人选还没有眉目。助手非常惭愧，泪流满面地坐在床边，愧疚地说："我真对不起您，让您失望了。"

"失望的是我，对不起的却是你自己，"哲学家哀怨地说，"最优秀的其实就是你自己。"

著名的心理学家阿德勒博士在小时候有过一次体验，通过他的例子，完全可以说明一个人的自信心对其行为和能力会产生多大的影响。

阿德勒刚开始上学时算术很糟，老师深信他"数学脑子迟钝"，并把这一"事实"告诉了他的父母，让他们不要对儿子期望过高。他的父母也信以为真。阿德勒被动地接受了他们对自己的评价，而且他的算术成绩似乎也证明他们是对的。但是有一天，他心里闪过一个念头，觉得自己忽然解出了老师在黑板上出的一道其他人都不能解答的难题。他就把自己的想法对老师说了，老师和全班学生哄堂大笑。于是他愤愤不平地几步跨到黑板前面，把问题解了出来，使在场的人目瞪口呆。这件事情以后，阿德勒认识到自己完全可以学好算术，对自己的能力有了自信，后来他终于成为一个数学成绩出类拔萃的学生。

有一位企业家，他想在公开演说中取得成功，因为他在一个困难的领域有重大突破，想让大家知道这个消息。他的嗓音很好，演讲的话题也很吸引人，但他不敢在陌生人面前讲话。阻碍他的原因是他的自信心不足，他认为自己讲话讲得不好，不会给听众留下好印象，仅仅是因为他不具备引人注目的外表——他"不像一个成功的企业管理人"。这个不良心理在他心上烙下了深深的痕迹。所以，每次他站在一群人面前开始说话时，便受到这种心理的阻碍。

他错误地得出结论说，如果他能动一次手术整一下容，改善外表，他就会产生必要的自信。

整容手术其实并不一定能够解决问题，肉体的变化并不能绝对保证个性的改变。一旦他相信正是自己的消极信念妨碍了他发表这个重要消息时，他的问题也就解决了。他成功地把消极的信念换成了积极而肯定的信念，认为他有一个极其重要的消息，而这则消息只有自己才能告诉大家，不管自己的外表如何。从那时起，他成为企业界最难得的演说家之一。而他唯一的改变只是增强自信。

如果你对10个人说："你们都是有价值的人，都有能力创造美好的未来。"至少会有8个人苦笑着说："成功不可能属于我，我生来是一个苦命的人，注定一生一事无成。"而只有少数人会记住这句话，并用它来不断地鼓励自己，最终取得成功。

这个世界上有太多和故事中相同的人，他们从来不敢相信自己，不敢正视自己，结果把自己给忽略、给耽误、给丢失了。其实，每个人都是最优秀的，差别就在于如何认识自己、如何发掘和重用自己。

汤姆·邓普西生下来的时候只有半只左脚和一只畸形的右手，父母从不让他因为自己的残疾而感到不安。结果，他能做到任何健全男孩所能做的事：如果童子军团行军10公里，汤姆也同样可以走完10公里。

后来他学踢橄榄球，他发现，自己能把球踢得比在一起玩的男孩子都远。他请人为他专门设计了一只鞋子，参加了踢球测验，并且得到了冲锋队的一份合约。

但是教练却尽量婉转地告诉他，说他"不具备做职业橄榄球员的条件"，劝他去试试其他的事业。最后他申请加入新奥尔良圣徒球队，并且请求教练给他一次机会。教练虽然心存怀疑，但是看到这个男子这么自信，对他有了好感，因此就留下了他。

两个星期之后，教练对他的好感加深了，因为他在一次友谊赛中踢出了55码并且为本队得了分。这使他获得了专为圣徒队踢球的工作，而且在那一季中为他的球队得了99分。

他一生中最伟大的时刻到来了。那天，球场上坐了6万名球迷。球是在28码线上，比赛只剩下了几秒钟。这时球队把球推进到45码线上。"邓普西，进场踢球！"教练大声说。

当汤姆进场时，他知道他的队距离得分线有54码远。球传接得很好，邓普西一脚全力踢在球身上，球笔直地向前下去。但是踢得够远吗？6万名球迷屏住气观看，球在球门横杆之上几英寸的地方越过，接着终端得分线上的裁判举起了双手，表示得了3分，汤姆的球队以19比17获胜。球迷狂呼高叫为踢得最远的一球而兴奋，因为这是只有半只脚和一只畸形的手的球员踢出来的！

"真令人难以相信！"有人感叹道，但是邓普西只是微笑。他想起他的父母，他们一直告诉他的是他能做什么，而不是他不能做什么。他之所以创造这么了不起的纪录，正如他自己说的："他们从来没有告诉我，我有什么不能做的。"

这就是自信。

科学家爱迪生说："自信是成功的第一秘诀。"自信是独立个性的一个重要成分，是人们从事任何事业的最可靠的资本，自信能排除各种障碍，克服种种困难，使事业获得完美的成功。

记住，不是因为有些事情难以做到，我们才失去自信；而是因为我们失去了自信，有些事情才难以做到。所以，学会接纳自己，学会欣赏自己，将所有的自卑抛到九霄云外，是成功最重要的前提。

生活中，一个缺乏信心的人，就如同一根受了潮的火柴，是不可能擦亮希望的火光的。有一位研究成功学的专家曾经这样说过："信心是生命和力量，信心是奇迹，信心是创立事业之本。只要有信心，你就能够移动一座山；只要你相信会成功，你一定能赢得成功。"

真正的自信不是孤芳自赏，也不是夜郎自大，更不是得意忘形、自以为是和盲目乐观，真正的自信就是看到自己的强项并以积极的态度加以肯定、展示或表达。它是内在实力和实际能力的一种体现，能够清楚地预见并把握事情的正确性和发展趋势，引导自己做得最好或更好。

＞名人简介＜

伍德罗·威尔逊（1856年—1924年），美国第28任总统，人称"政界校长"。威尔逊是美国"学术地位最高的"一位总统，曾在一些大学任教，并任普林斯顿大学校长8年，写有不少著作。曾获1919年诺贝尔国际和平奖。

钢铁般的意志让你无坚不摧

如果你足够坚强，你就是史无前例的。

——斯科特·菲茨杰拉德

用毅力去战胜挫折，战胜自己，战胜环境，走向成功。

有位国际著名的推销大师，即将告别他的推销生涯，应行业协会和社会各界的邀请，他将在该城中最大的体育馆作告别职业生涯的演说。

那天，会场座无虚席，人们在热切地等待着那位当代最伟大的推销员作精彩的演讲。当大幕徐徐拉开，6个彪形大汉抬着一个巨大的铁钟，挂在舞台中央。

一位老者在人们热烈的掌声中，走了出来，站在铁钟的一边。他就是那位今天将要演讲的推销大师。

人们惊奇地望着他，不知道他要做出什么举动。

这时两位工作人员抬着一个大铁锤，放在老者的面前。

老人请两个年轻力壮的人用这个大铁锤去敲打那个铁钟，直到把它摆动起来。

一个年轻人抢着铁锤，全力向铁钟砸去，一声震耳的响声过后，那铁钟动也没动。他用大铁锤接二连三地砸了一段时间后，很快就气喘吁吁了。

另一个人也不甘示弱，接过大铁锤把铁钟敲得叮当响，可是铁钟仍旧一动不动。

台下逐渐没了呐喊声，观众好像认定那是没用的，铁锤是敲不动铁钟的。他们在等着老人做出什么解释。

会场恢复了平静，老人从上衣口袋里掏出一个小锤，然后认真地面对着那个巨大的铁钟。他用小锤对着铁钟"咚"敲了一下，然后停顿一下，再一次用小锤"咚"地敲一下。停顿一下，然后"咚"地敲一下，就这样持续地用小锤敲打着。

10分钟过去了，20分钟过去了，会场早已开始骚动，有的人干脆叫骂起来，人们用各种声音和动作发泄着他们的不满。老人好像什么也没发生，仍然一小锤一小锤地敲打着。人们开始愤然离去，会场上出现了大块大块的空缺。

大概在老人进行到40分钟的时候，坐在前面的一个妇女突然尖叫一声："钟动了！"刹那间会场立即鸦雀无声，人们聚精会神地看着那个铁钟。那钟以很小的幅度真的动了起来。老人仍旧一小锤一小锤地敲着，人们好像都听到了那小锤敲打铁钟的声响。铁钟在老人一锤一锤的敲打中摆动的幅度越来越大，场上终于爆发出一阵阵热烈的掌声。在掌声中，老人转过身来，说："当成功来临时候，你挡都挡不住。"

胜利只属于坚持到最后的人。那些成功的人之所以能够成功，是由于他们坚忍不拔的毅力，更重要的是他们能够把失败化作无形的动力，从而最终反败为胜。

很多人之所以不能迈出人生的关键一步，就是因为每当他感到压力的时候，就会一蹶不振，很难把失败的惩罚当作不断前进的新动力。也就是说，他根本没有坚忍不拔的毅力。这种人无论在什么行业，干什么工作，他的成绩一定不会突出。

日本松下电器公司的创始人松下幸之助当年曾有过一段穷困潦倒的生活。一次，他去一家大电器厂求职时，人事部主管见他个头瘦小又衣着不整，随便找个理由拒绝他："现在不缺人，过一个月再来看看。"一个月后，松下幸之助真来了，人事部主管推托没空。过几天，松下幸之助又来了，如此反复。那位负责人说："你这样脏兮兮的进不了厂。"于是，松下幸之助回去借钱买了衣服，穿戴整齐地来了。主管没办法，便告诉松下幸之助："关于电器的知识你知道得太少，不能收。"两个月后，松下幸之助又来了，说："我已学了不少电器方面的知识，您看哪个方面还有差距，我一项项来弥补。"人事部的主管看了他半天才说："我干这工作几十年了，今天头一次见到你这样来找工作的，真佩服你的耐心和韧性。"最终，松下幸之助以其坚忍不拔的品质成为经营管理的成功者。

成功者大多都有坚忍不拔的品质，他们就是靠着这种品质，使自己从社会的底层走向成功。拥有坚韧和耐心，坚定必胜的信念，勇敢地与困难拼搏，就一定能有所成就。

也许生活有缺陷，但生活的意义却给人们同样的机会，有信心和勇气去争取，就会战胜自身的缺陷，在生命的困顿中出人头地，找到生活的意义。

篮球教练努德·洛肯说："当处境困顿多难时，坚毅者愈挫愈勇。"在坎坷的路途上，坚强勇敢的人抓得住机会，他们战胜了，他们存活下来了，他们就出人头地。

曾经有这样一个伟大的人，4 岁时由于患上了麻疹和可怕的昏厥症，使他险些丧命；儿童时期，曾经患上严重肺炎；中年时口腔疾病严重，口舌糜烂，满口疮痍，只好拔掉所有牙齿，紧接着又染上了可怕的眼疾，他几乎不能够凭视觉行走；50 岁后，相继发作的关节炎、肠道炎、喉结核等多种疾病吞噬着他的肌体；后来，他完全不能发出声音，只能由儿子凭他的口型翻译他的思想，在他 57 岁那年，他离开了人世。

他从 4 岁时便开始与苦难为伍，直到死时依然没能摆脱困难的纠缠，但是苦难并没有使他低头，相反，他却在苦难中脱颖而出，他是怎么做的？他最终得到了什么？下面看看他是怎样做的。

他长期闭门不出，把自己禁闭起来，疯狂地每天练 10 个小时琴，忘记了饥饿与死亡。在 13 岁时，他过着流浪者的生活，开始周游各地，除了身上的一把琴，一无所有。同时，他坚持学习作曲与指挥艺术，付出艰辛的精力与汗水，创做出了《随想曲》、《无穷动》、《女妖舞》和 6 部小提琴协奏曲及许多吉他演奏曲。

15 岁时，他成功举办了一次举世震惊的音乐会，一举成名。他的名声传遍英、法、德、意、奥、捷克等很多国家。

帕尔马首席提琴家罗拉听到了他的演奏惊异得从病床上跳下来，木然而立。维也纳一位听到他的琴声的人，以为是一支乐团在演奏，当得知台上是他一人的独奏时，便大叫道："他是一个魔鬼。"匆匆逃走。卢卡共和国宣布他为首席小提琴家。他就是世界超级小提琴家帕格尼尼，苦难没有打倒他，相反，他在苦难中成长为音乐界巨人。

对于困境、苦难，意志薄弱的人掉头就跑，而意志坚强的人却勇往直前，成功自然属于后者。人生在世，谁都难免碰到崎岖、坎坷，或者是束手就擒，或者是勇敢拼搏。拿出一种精神，勇敢前行，我们就会看到光明。

1955 年，18 岁的吉尔·金蒙特已是全美国最受喜爱、最有名气的年轻滑雪运动员了，她的照片被用作《体育画报》杂志的封面。金蒙特踌躇满志，积极地为参加奥运会预选赛做准备，大家都认为她一定能成功。

她当时的生活目标就是得奥运会金牌，然而，1955 年 1 月，一场悲剧使她的愿望成了泡影。

在奥运会预选赛最后一轮比赛中，金蒙特沿着大雪覆盖的罗斯特利山坡开始下滑，没料到，这天的雪道特别滑，刚过几秒钟，便发生了一场意想不到的事故。她先是身子一歪，而后就失去了控制，像匹脱缰的野马，直往下冲。她竭力挣扎着想摆正姿势，可无济于事，一个个的筋斗把她无情地推下山坡。在场的人都睁大眼睛紧张地注视着这一幕，心几乎提到了嗓子眼。

当她停下来时已昏迷了过去。人们立即把她送往医院抢救，虽然最终保住了性命，但她双肩以下的身体却永久性瘫痪了。

金蒙特认识到活着的人只有两种选择：要么奋发向上，要么灰心丧气。她下决心奋发向上，因为她对自己的能力仍然坚信不疑。她千方百计使自己从失望的痛苦中摆脱出来，去从事一项有益于公众的事业，以建立自己新的生活。几年来，她整日和医院、手术室、理疗、轮椅打交道，病情时好时坏，但她从未放弃过对有意义的生活的不懈追求。

历尽艰难，金蒙特学会了写字、打字、操纵轮椅、用特制汤匙进食。

她在加州大学洛杉矶分校选听了几门课程，决心今后当一名教师。

想当教师，这可真有点不可思议，因为她既不会走路，又没受过师范训练。她向教育学院提出申请，但系主任、学校顾问和保健医生都认为她不适宜当教师。录用教师的标准之一是要能上下楼梯走到教室，可她做不到。

此时，金蒙特的信念就是要成为一名教师，任何困难都不能动摇她的决心。

1963 年，她终于被华盛顿大学教育学院聘用。由于教学有方，很快受到了学生们的尊敬和爱戴。她教那些对学习不感兴趣、上课心不在焉的学生也很有办法。她向青年教师传授经验说："这些学生也有感兴趣的东西，只不过和大多数人不一样罢了。"

金蒙特终于获得了教授阅读课的聘任书。她酷爱自己的工作，学生们也喜欢她，师生间互相帮助、互相进步。

后来，她父亲去世了，全家不得不搬到曾拒绝她当教师的加利福尼亚州去。

她向洛杉矶学校官员提出申请，可他们听说她是个"瘸子"就一口回绝了。金蒙特是一个下了决心就不会轻易放弃努力的人，她打算向洛杉矶地区的90个教学区逐一申请。在申请到第18所学校时，已有3所学校表示愿意聘用她。学校对她要走的一些坡道进行了改造，以适于她的轮椅通行，这样，从家里坐轮椅到学校教书就不成问题了。另外，学校还破除了教师一定要站着授课的规定。

从此以后，金蒙特一直从事教师职业。暑假里她访问了印第安人的居民区，给那里的孩子补课。

从1955年到现在，很多年过去了，金蒙特从未得过奥运金牌，但她的确得了一块金牌，那是为了表彰她的教学成绩而授予她的。

在人生的道路上前进时，你不仅要带上自己的口粮，还要带上自己的防身武器。你有动力，有自己的追求和理想，这是你的口粮。你有坚强的承受力，有坚强的毅力，这是你的防身武器。有了坚强的毅力，你才可能不被各种打击所击倒，你才不是一块嫩豆腐，你才不是一棵豆芽菜，你才可能在大千世界中足以经受各种磨炼，真正创造出成功潇洒的人生。

＞名 人 简 介＜

斯科特·菲茨杰拉德（1896年–1940年），美国小说家。生于明尼苏达州圣保罗市，父亲是家具商。1920年出版长篇小说《人间天堂》，1925年《了不起的盖茨比》问世，奠定了他在现代美国文学史上的地位，成了20世纪20年代"爵士时代"的发言人和"迷惘的一代"的代表作家之一。他的小说生动地反映了20世纪20年代"美国梦"的破灭，展示了大萧条时期美国上层社会"荒原时代"的精神面貌。

进取心是不竭的动力

最好的进球，当然是下一次了！

——贝利

永不知足是要求自己上进的第一步，是要让自己不满足于停留在现有的位置上。永不知足可以帮助你迈出关键的第一步。

到NBA去打球，是每一个美国少年最美好的梦想，他们渴望像乔丹一样飞翔。

当年幼的博格斯说出自己同样的梦想时，同伴们竟然把肚子都笑疼了。博格斯的身高只有160厘米，在两米都算矮个的NBA里，这充其量只是一个侏儒。

但博格斯却没有因为别人的嘲笑而放弃自己的梦想。"我热爱篮球，我决心要打NBA。"他把所有的空余时间都花在篮球场上。其他人回家了，他仍然在练球，别人都去沐浴夏日的阳光，他却坚持在篮球场上。

他每日都告诫自己：我要到NBA去打球。他让自己的血液里都流淌着进取的精神。他深知，像他这样的身高，要到NBA去必须得有自己的"绝活"。

他努力锻炼自己的长处：像子弹一样迅速，运球不发生失误，比别人更能奔跑。

博格斯是夏洛特黄蜂队中表现最优秀、失误最少的后卫队员，他常常像一只小黄蜂一样满场飞奔。他控球一流，远投精准，在巨人阵中他也敢带球上篮。而且，他是整个NBA中断球最多的队员。

博格斯是NBA中有史以来创纪录的矮子。他把别人眼中的不可能变成了现实。博格斯曾经自豪地说："我的血液中流淌着进取的精神，所以，我能实现我的梦想。"

比尔·盖茨对年轻人说得最多的一句话就是——"永不知足"。他之所以会取得如此大的成功，就是因为他不满足于所取得的成绩，不断进取，始终激励自己向前发展，最后终于实现了自己的理想，到达了他所向往的地位。

新闻界的"拿破仑"——伦敦《泰晤士报》的大老板诺思克利夫爵士，最初在他每月只能拿到80元的时候，对自己的处境非常不满。后来，《伦敦晚报》和《每日邮报》皆为他所有的时候，他还是感到不满足，直到他得到了伦敦《泰晤士报》之后，他才稍稍觉得有点儿满足。

就算成了《泰晤士报》的大老板，诺思克利夫爵士还是不肯善罢甘休。他要利用《泰晤士报》揭露官僚政府的腐败，打倒几个内阁，推翻或拥护几个内阁总理（亚斯查尔斯和路易乔治），而且不顾一切地攻击昏迷不醒的政府……由于他的这种大胆的努力，提高了不少国家机关的办事效率，在某种程度上还改革了整个英国的制度。

严冬过后的第一个春暖之日，雄鹰便翱翔于天空。经过一个山区时，他看见一只鸡妈妈正领着自己的孩子们悠闲地晒太阳，于是飞了过去，落在最近的一个枝头上，问道：

"鸡妈妈，你也有翅膀，为什么不能像你的祖先一样在天上飞呢？天上很快乐！"

"哦！谢谢你！"鸡妈妈转身看着自己的孩子们，对老鹰说，"你看，我有这么多的孩子需要看护，我没时间呀！等他们长大了让他们飞吧。唉！我这辈子是没指望了！"

老鹰只好飞走了。

第二年的春天，老鹰再次飞过山区时，又发现了一只大花鸡带领着她的孩子们在散步，那只大花鸡是去年老鹰见到的鸡妈妈的一个女儿，现在她长大了，更健壮，更丰满！

老鹰飞到她身边问道：

"大花鸡，你也有翅膀，为什么不能像你的祖先一样在天上飞呢？天上很快乐！"

"谢谢你！"大花鸡答道，"你看，我已经老了，飞不动了，还是等我的孩子们长大以后让他们飞吧！唉！我这辈子是没指望了！"

老鹰只好飞走了。

第三年，老鹰经过山区时，依旧看见一只鸡妈妈带领自己的孩子在山坡上觅食，但他再也没有下去劝她了。上帝给了鸡和雄鹰同样的翅膀，让它们享受天空，然而，鸡只知就近觅食，目光仅仅满足于眼前的地面，将搏击长空的美丽翅膀退化为一种装饰物。

世界上有很多人一辈子一事无成，原因就是因为他们太容易满足了！找到了一份稳定的工作，终其一生总是拿那么一点点薪水，每天总是做着同样的事情，一直到死。而他们竟以为人的一生所能获得的东西也就只能有这么多了。

而那些做出大事的人不喜欢听别人的奉承，他们只是以批判的态度来审视自己，把他们现在的地位和他所期待的状况来进行比较，并因此激励自己不断努力。

被誉为"中国的阿信"的何永智是个永远不知满足的人，永远处于不懈的追求之中。她靠三口锅开火锅店起家，后来越开越大，成为中国的"火锅皇后"。

何永智原来在一个儿童鞋厂任设计师，丈夫是电工。靠工资日子过得挺紧巴，何永智不满足了。她下班后就去做些小买卖，以改变窘迫的现状。

1982年，何永智把房子卖了做生意。房子是600元买的，卖了3000元。何永智用卖房的3000元，买了八一路一间临街房，卖服装和皮鞋。有自己的店铺后，生意规模迅速扩大。

后来，八一路改成了火锅特色一条街，何永智也跟着开了"小天鹅火锅店"，只能摆下三张桌，设三口锅。第一个月没有经验，亏损。第二个月何永智把心思用在两个方面：一，口味；二，服务。生意一天天好起来。

有一天，赚了70元，相当于何永智一个月的工资。她一宿没有睡着，盼望着能赚一万元，也当个万元户。20 世纪 80 年代初，万元户就已经不得了了。她心里一直埋藏着强烈的进取心。

生意一天一天变好，何永智辞了工作，专心经营，在口味、服务、诚信上做文章，生意逐渐火起来。6 年后，她成了这条街上的"火锅皇后"，经营面积扩大到 100 多平方米。这时，何永智有了更大的梦想。

1990 年，她在成都租下 2000 平方米的房屋，开设了第一家分店。按照她在八一路取得的经验经营，生意十分红火。她又扩大规模，在成都附近的绵阳、双流、温江等地陆续开了五六家分店，生意好得令人眼红。

1994 年 6 月 8 日，天津加盟连锁店正式开业，一炮走红，8 个月就收回了投资。天津火锅店的起源是这样的：1992 年，到绵阳办事的天津人景文汉看到小天鹅火锅那么红火，于是开始寻找何永智。足足找了 3 个月，他才找到在武汉开店的何永智，并提出合作。何永智被对方的诚意所感动，同意合作，而且条件优惠。她说："我出人员、技术、品牌，你投入资金，共同办店。收回投资前，三七分成，你七我三；收回投资后，五五平分。"

何永智体会到连锁店的好处，她继续以平均每月一家的速度开办加盟连锁店，向全国各大城市推进。很快，上海、北京、南宁、广州、西安、沈阳、哈尔滨等地都开起了加盟店。1995 年，还开到了美国西雅图等地，成为国际型企业。何永智一举跨入了亿万富豪的行列。

如果何永智小富即安，不思进取，仅满足于在天津的经营，就不会成为后来的亿万富姐。

目前何永智已是集团总裁，曾当选为第八届全国妇联代表，她所开办的企业也跻身"中国私营企业 500 强"行列，成为"中国最具前景的 50 家特许经营企业"。

不管你目前的职位有多高，都不要满足于现状，应该告诉自己："我的职位应在更高处。"

进取心从不允许我们休息，它总是激励我们为了更美好的明天而奋斗。由于人类的成长是无限的，所以我们的进取心和愿望也是无法满足的。如果历史地来看，我们目前所到达的高度足以令人羡慕，但是，我们却发现今日所处的位置和昨日的位置一样，无法让我们完全满足，更高的理想和目标不断在向我们召唤。

百年哈佛主张这样的人生哲学：信心和理想乃是人们追求幸福和进步的最强大推动力。

进取心是激发人们抗争命运的力量，是完成崇高使命和创造伟大成就的动力。一个具备了进取心的人，就会像被磁化的指针那样显示出矢志不移的神秘力量。

人生的进步与成功，正是有了进取心和意志力——这种永不停息的自我推动力，才激励着人们向自己的目标前进。对这种激励的需要是我们人生的支柱，为了获得和满足这种需要，我们甚至愿意以放弃舒适和牺牲自我为代价。

向上的力量是每一种生命的本能，这种东西不仅存在于所有的昆虫和动物身上，埋在地里的种子中也存在着这样的力量，正是这种力量刺激着它破土而出，推动它向上生长，向世界展示美丽与芬芳。

这种激励也存在于我们人类的体内，它推动我们去完善自我，去追求完美的人生。

＞名 人 简 介＜

　　贝利生于 1940 年，巴西足球运动员。18 岁入选国家队，同年，他第一次作为巴西队成员为巴西夺得了第一个世界冠军。1962、1966、1970 年他又 3 次作为巴西国家队队员，参加第 7、8、9 届世界杯足球赛，又赢得两次冠军。贝利能准确地判断球的变化和队员们的不同位置，掌握恰当的时机，抢占有利的位置，进行有效的攻击。

虚荣源自无能和懒惰

> 虚荣心很难说是一种恶行，然而一切恶行都围绕着虚荣心而生，都不过是满足虚荣心的手段。
>
> ——柏格森

虚荣心是你前进路上的一大障碍，如果你不摒弃它，就会成为它的奴隶，它现在会影响你的学业，以后还会影响你的事业、你的情感，从而耽误你的一生。

有一个名叫韦格的奥地利女孩，天生丽质，聪慧可人。她在一所大学专修油画，她的男友正为她筹备个人画展。当经济出现危机时，男友鼓励她参加世界小姐选美，因为初赛的奖金高达5000美元。她去了，而且一路选到了拉斯维加斯——她成了1987年度的世界小姐。

韦格以前最大的愿望是开画展，可现在她已经不需要画展了。韦格以前希望拥有自己的家庭，想和男友浪漫缠绵，可成为世界小姐后，她成天被那些阔佬阔少们包围着，顺理成章地接受他们对她的大献殷勤，她再也不缺少浪漫了。身为世界小姐，一下子站在了荣耀和财富的顶端，以前的一切似乎都不重要了。

韦格心安理得地享受着世界小姐的光环所带来的名目繁多的、意外的"财富"。

当事业如日中天之时，她患上了一种名叫克里曼特的综合征。

这种病症的最大危险在于，双眼视力逐渐衰退，直至失明。韦格几乎是绝望地陷入黑暗之中了。

她的情绪一下子从高峰跌到了谷底，她甚至诅咒上帝，不应该把她的那些"意外收获"在"一瞬间"统统抢走，她觉得是上帝在妒忌她的天生丽质。她的怨气没办法平息。

就在这时候，戏剧性的一幕发生了，

韦格病重的消息传出不久，一位名叫帕迪的南非小男孩给她寄来了一包土，说他们那里的人用此治病。韦格不相信那包土，怀着姑且一试的想法用了，奇迹却发生了，她康复了。

又是一次意外，令她欣喜若狂，她所有的财富再次回到了她的身边，她发誓要抓住"意外的财富"，决不撒手。

韦格后来嫁给一个美国富翁。

她先后嫁了6次，可是没有一个男人令她倾心。终于在一个深夜，她发觉她看起来拥有了一切，其实还是一无所有，她这辈子白活了，她选择了自杀……

如果她当初没有抛弃男友，得奖后继续她的事业，她一定会生活得很幸福，对金钱的追求，虚荣心的满足，使她彻底迷失了自己，陷入虚荣的泥淖中不能自拔。

一个老农民，一夜之间暴富，立刻买了一辆豪华汽车。

他每天都会开车去附近又热又脏的小镇一趟。他希望看见每一个人，也希望别人都看见他。他喜欢炫耀，总是"开着"车左弯右绕地穿过小镇，去和每一个人说话。但他总是慢吞吞的，比自行车还慢。原因很简单，这辆大而美丽的汽车是由两匹马拉着的。

其实，并非汽车引擎有毛病，只是老农民不知插进钥匙去发动它。

从此以后，他的朋友越来越少，连他的亲戚都不搭理他了，见了面顶多巴结他两句，虚情假意地算计他。老农民的虚荣心得到一时满足，但不久，他倒觉得生活越来越没趣，最终他又回到田里种地干活，这样至少过得充实。

意外中大奖，本是一件好事，却向庸俗的方向发展，显得很无聊，无怪乎有人感叹："我穷得只剩下钱了。"

虚荣是一种肤浅，卖弄是一种无知！

赵昆相当聪颖、活泼，常常获得长辈们的夸奖，她也一直以自己为荣，儿时的赵昆养成了虚荣、好卖弄的习惯。

只要有机会，她就会争抢着去炫耀、卖弄。

直到有一次，当她听录音时，突然听到其中一个尖锐而突出的声音，简直是在狼嚎。听了几遍后她才发现，那是自己的声音！赵昆开始反思自己，她想从小到大，我一直没有挣脱过对虚荣的追逐，当别人夸奖自己就沾沾自喜，可什么时候站下来审视一下自己呢？

她终于明白了，一切的不快乐、不满足，皆因自己的虚荣而起。一个人能摒弃虚荣心，就是拥有平常心的开始。直至成了名副其实的名人，她始终也没有忘记这句话。她说："正是这句话，让我为自己的心找到了一个正确的方向！"生活中的自我太多，有机会就迫不及待地想跳出来，其实都是卖弄。

山外有山，人外有人，记住吧：随时要摒弃虚荣，因为虚荣是一种肤浅；不可卖弄，因为卖弄是一种无知！

虚荣是一种肤浅，面子是虚荣的一种表现形式，我们要摒弃虚荣，做一个踏踏实实的人，就不要死要面子活受累。

有一位科研人员，技术与学识上博大精深，无人可及，但由于自尊心过强，所以，尽管年逾不惑，却仍然和同事们难以和睦相处。究其原因，不管是在学术问题的讨论上，还是在工作方案的安排上，甚至就连日常琐事的看法和处理上，非要别人按自己的想法去办，只要别人不同意自己的意见，指出自己的瑕疵，就会不依不饶，甚至恶语相加。

他永远觉得自己高人一筹，凡与他相处稍久的人，无不敬而远之，避之犹如瘟疫。

自尊心人皆有之，而要面子的习惯则是自尊心的具体表现。一个人不可能不要面子，但又不能够死要面子。死要面子的人，往往会反而丢了面子。

关键的问题是搞清怎么做才不算丢面子？什么面子可丢，什么面子不可丢？

一句话，虚荣的面子应当丢，人格的面子需要保，不保何以处世？而保的办法则在实事求是。事实俱在，曲直分明，面子不保亦在；哗众取宠，装腔作势，面子虽保亦失。

在商品经济的社会中，人类社会在不断变化，许多人在社会剧变中失去了自我价值的判断，他们的心理遭到极大的扭曲，因此只有借助于虚荣来满足自己的面子和虚荣心。

有些人即使债台高筑也要挥金如土，虚荣的情绪与他人的反应息息相关，根据他人反应的变化迅速调整虚荣的情绪。这种"面子"所带来的虚荣心腐蚀了人的正常心理，破坏了人的健康情绪，成了人们性格中的一个毒瘤。

弗朗西斯是一名长跑冠军，他极看重自己在公众心目中的形象。

弗朗西斯在得了胃病后，不愿告诉他人，也不去及时诊治，将病情当成秘密一样倍加守护，唯恐自己给人留下一个弱者的印象。

终于有一天，弗朗西斯再也挺不住了，被家人送往医院。3天后，他便离开了人世。

主治医生说他不是死于劳累，而是被虚名所致、延误治病死的。

弗朗西斯为"虚名"付出了生命的代价，但这并不值得。希望弗朗西斯的经历能给青春年少的你们一个警示——不要为"虚名"所累。

名誉毕竟是人的身外之物，虽然很重要，但是，人的生命更重要。为了追求名誉，而影响、损害健康，甚至送掉性命，这是舍本逐末，是最愚蠢的选择。

不过，几乎没有人不喜欢鲜花掌声。在成长的过程中，你肯定也会多次与鲜花和掌声打交道。如果你沉迷于其中，并且为了保护这份荣誉而愿意损失其他一切，包括健康的话，那就是一种愚蠢至极的行为，而你的这份虚荣心，最终会使你丧失一切。

面对荣誉，应该保持清醒的头脑，我们要懂得珍惜荣誉，也要为自己争取荣誉，但不能被荣誉打垮，不能被荣誉所累，否则，当你被虚名所累时，你就逃不脱荣誉的怪圈了。

人都有自尊的需要，希望能得到别人的尊重，获得真正的荣誉，这在一定程度上是人的本性的显现。然而，如果一个人的自尊心过于强烈，渴望获得别人对自己的重视、尊重和赞扬，而自身又缺乏过人之处，不具备足以令人称道的实力，便不得不寻求其他手段，以此满足自尊的需要。这时候，他便陷入这种虚荣当中。他追求的是虚假的声名、名不副实的荣誉，甚至通过吹牛、撒谎等不正当的手段，希望不付出劳动或少付出劳动而获得荣誉，因而无论对自己、对别人，虚荣心都是有害而无益的。

"虚荣者注视自己的名字，光荣者注视祖国的事业。"树立强大的目标并努力去实现它，相信人生路上你一定能战胜虚荣。

> 名人简介 <

亨利·柏格森（1859年－1941年），法国哲学家。主要作品有《时间与自由意志》、《创造进化论》、《道德与宗教的两个起源》等。1927年，其作品《创造进化论》获诺贝尔文学奖，获奖理由："因为他那丰富的且充满生命力的思想，以及所表现出来的光辉灿烂的技巧"。

逆境是一所培养天才的学校

最困难的时候，也是我们离成功不远的时候。

——拿破仑

生命如船，在猝不及防的情况下可能遭遇狂风暴雨，惊涛骇浪、冰山暗礁，勇敢地闯过这些生命中的障碍，等待你的将是风和日丽的美好人生。

施罗德于 1944 年 4 月 7 日出生在下萨克森州的一个贫民的家庭。他出生后三天，父亲就战死在罗马尼亚。母亲当清洁工，带着他们姐弟二人，生活得十分艰难。

由于入不敷出，母亲欠下许多债。一天，债主逼上门来，母亲抱头痛哭。年幼的施罗德拍着母亲的肩膀安慰着："别着急，妈妈，总有一天我会开着奔驰车来接你的！"

40 年后，终于等到了这一天。施罗德担任了下萨克森州总理，开着奔驰车把母亲接到一家大饭店，为老人家庆祝 80 岁生日。

1950 年，施罗德上学了。因交不起学费，初中毕业他就到一家零售店当了学徒。贫穷带来的被轻视和瞧不起，并没有使他自暴自弃，反而使他立志要改变自己的人生："我一定要从这里走出去。"

他想学习。他在寻找机会。1962 年，他辞去了店员一职，到一家夜校学习。一边学习，一边到建筑工地当清洁工，不仅收入有所增加，而且实现了他上学的愿望。

4 年夜校结业后，1966 年他进入了哥廷根大学夜校学习法律，圆了上大学的梦。在他学有所成之后，他当了律师，32 岁时，他当上汉诺威霍尔特律师事务所的合伙人。回顾自己的经历，他说每个人都要通过自己的勤奋努力，而不要通过父母的金钱来使自己接受教育。这有利于一个人的成长。

在大学通过对法律的研究，他对政治产生了兴趣。他积极参加政党的集会，最终选择了社会民主党。

此后，他逐渐崭露头角，步步提升。1969 年，他担任哥廷根法区的主席。1971 年得到政界的肯定。1980 年当选议员、1990 年当选下萨克森州总理，并于 1994、1998 年两次政坛得志。1998 年 10 月，他走进联邦德国总理府。

苦难是人生的一大财富，不幸和挫折可能使人沉沦，也可能铸造一种坚强的意志品质，成就一个充实的人生。苦难是人生的一位良师，他能教给我们学会用感激的心情、积极的态度对待一切问题，养成坚强的意志，勇敢地参与社会竞争。

苦难是一所学校。许多人的生命之所以伟大，都来自他们所承受的苦难。最好的才干往往是从烈火中冶炼出来的。

设想一下，如果人的生活一帆风顺，锦衣玉食，那么人生就没有从低谷到顶峰的跌宕起伏，就没有"会当凌绝顶，一览众山小"的喜悦。穷尽千辛万苦的成就才传奇，历经百转千回的感情才珍贵。

王琦初中毕业后，在一个高级酒店门口当招待员。每当有人出入时，他都要俯首向其问好或道谢。虽然王琦好像整天都在微笑，但他心里一点儿也不快乐。面对来往的人的冷漠的面孔，王琦深知这份工作是多么令人不屑一顾。

于是他省吃俭用，报了一个英语班，开始了他的求学之路。每天早晨五六点钟，王琦便起床背单词，然后随便吃些东西便匆匆忙忙地上班去了。晚上回到家，虽已精疲力竭，但他仍坚持把绝大部分的时间用在学习上。

日子就这样在忙碌而紧张中飞逝。三年后，王琦万分激动地领到了一份大学专科的毕业证书。他离开了酒店，在旅游局谋到了一份导游的工作。此时的他已能用流利的英语向游客介绍，一切的快乐也都是发自内心的了。

王琦能把身上的标签拿掉换个新的，为什么我们就不能呢？挫折不等于失败，平庸也不是人生最后的结局，我们为什么不把它看作是另一个起点呢？只有不向任何困难屈服，不断地去尝试，去探索，只有不在坎坷与平庸面前止步，我们才能更加卓越超群。

当你突然遭遇困境的时候，你应该意识到，你的当前位置是一个转折点，站在这个点上，下一步的走向，常常会有两种截然不同的结局，诸如平凡和卓越、痛苦和快乐、贫穷和富有、惨淡和辉煌……

大自然的法则永远是优胜劣汰，没有经过困苦的磨砺，就不可能成为强者。我们在生活中所遭遇的种种困难挫折就是加在我们身上的"泥沙"。然而，鼓起勇气，把它们抖落到脚下，它们也是一块块的垫脚石，只要我们锲而不舍地将它们抖落掉，然后站上去，那么即使是掉落到最深的井里我们也能安然地脱困。

有一天农夫的一头驴子，不小心掉进一口枯井里，农夫绞尽脑汁想办法救出驴，但几个小时过去了，驴子还在井里痛苦地哀号着。最后，这位农夫决定放弃，他想这头驴子年纪大了，不值得大费周折去把它救出来，不过无论如何，这口井还是得填起来。于是农夫便请来左邻右舍帮忙一起将井中的驴子埋了，把井填平。

农夫的邻居们人手一把铲子，开始将泥土铲进枯井中。当这头驴子了解到自己处境时，刚开始叫得很凄惨。但出人意料的是，一会儿之后这头驴子就安静下来了。

农夫好奇地探头往井底一看，出现在眼前的景象令他大吃一惊：当铲进井里的泥土落在驴子的背部时，驴子的反应令人称奇——它将泥土抖落在一旁，然后站到铲进的泥土堆上面。

就这样，驴子将大家铲到它身上的泥土全数抖落在井底，然后再站上去。很快，这只驴子便得意地上升到井口，然后在众人惊讶的表情中快步跑开了。

孟子云：生于忧患，死于安乐。忧患和安逸同样是一种生活方式，但一个可以培育信念，一个只能播种平庸。

动物学家的实验表明，狼群的存在使羚羊变得强健，而没有狼群的威胁，羚羊在舒适的环境下变得弱不禁风，一旦遭遇狼群，只有被吃掉。这一现象同样适用于人类。真正的人生需要磨难。遇到逆境就一味消沉的人，是肤浅的；一有不顺心的事就惶惶不可终日的人，是脆弱的。一个人不懂得人生的艰辛，就容易傲慢和骄纵。未尝过人生苦难的人，也往往难当重任。

一个人的成就和他所未能达到的成就都是他自己行为的最直接的结果。人的怯懦与勇敢都是他自己的心理与行为，而不是别人能够左右的，因此只能由他自己去努力改变。他所处的环境也是他自己造成的，不是别人造成的，因此，他的痛苦与幸福都只能由他自己把握。

强者不可能改变弱者，除非弱者情愿被改变。而弱者必须通过自己才能变得强壮。

不要小看自我心理调节，有的人能忍受严重的挫折而不灰心，有的人仅仅遇到不太严重的挫折就意志消沉，这是心理承受力不同的表现。成功人士往往能够在失意时迅速地调节自己，使自己始终保持最佳状态。

当我们面临逆境时，绝不能放弃。

现在多数的家庭条件好了，在优越的环境中生长使青少年有了太多的依赖，没有了吃苦的意志。殊不知，一个人要有所成就，能担当大任，必须首先经受磨难，接受各种考验，具备百折不挠的性格，才能有所成就。

我们都希望父母爱自己，但要明白什么才是真正的爱，怎样才能爱得有意义、有价值。人生不可能一帆风顺，正确对待失败、挫折，从失败和挫折中总结经验，吸取教训，培养积极的心态和百折不挠的坚强意志，会使我们终身受益。

不幸和苦难虽然会让我们承受太多，但同时也会使我们的心中流出奋斗和前进的泉水来。让自己吃点苦，有利于培养自己的意志和健全人格。意志指自觉确定目标，并在实现目标的过程中努力克服困难的心理活动，是非智力因素的重要成分，人的主观能动性的突出表现形式。在意志的结构中，决心、信心、恒心是三个重要的心理因素，它们相互作用和渗透、共同制约着人的意志行动。意志的突出特征就是克服困难，直面挫折。越是伟大的事业，越是需要创业者具有吃苦耐劳的精神和坚强的意志。

生活是人生最好的大学。在这所大学里，你可以学到许多在其他地方绝对无法学到的东西，你可以磨炼自己承受磨难的能力，你可以学会战胜困难，体会到人生残酷的一面，可以体会到世态炎凉和人情冷暖。面对生活中的磨难，只有勇往直前，绝不放弃，才能取得成功。经历了这些磨难和挫折，对于人生将要迈过的其他一切坎坷，你都会将其视作一马平川，不再视其为畏途。

＞名人简介＜

拿破仑（1769 年～ 1821 年），法兰西帝国缔造者，卓越的军事家、野心勃勃的政治家。先后多次打垮了欧洲各个封建君主国组织的"反法同盟"，保卫了由法国资产阶级进行的法国大革命胜利果实，并在欧、非、北美各战场上，进行了对欧洲各封建国家的战争，削弱了欧洲大陆的封建势力。重要功绩还有：颁布了《拿破仑法典》，确立了资本主义社会的立法规范，至今还发挥着重要作用。

感恩是爱的源泉

> 请觉悟"与人共同生活"的重要性，常怀感恩的心，以不忘恩、不忽略感谢、尊重义气的心与人相交往。
>
> ——松下幸之助

　　生活中我们应该学会感恩，感激祖国给了我们和平，感激父母给了我们生命，感激他人给了我们帮助……生活中需要感恩的事情实在很多。常怀一颗感恩的心，才能体会到人生的幸福。

　　1620 年，一百多位清教徒乘坐"五月花"号船到美国去寻求宗教自由。在寒冷的 11 月，他们在现在的马萨诸塞州的普利茅斯登陆。在第一个冬天里，他们受尽苦难，半数以上的移民死于饥饿和传染病，到春天来临时，只剩下 50 多人存活。善良的印第安人给移民们送来了生活必需品，还教他们怎样狩猎、捕鱼和种植。第二年他们获得了丰收。为了感谢上帝的恩典和印第安人的帮助，大家决定要选一个日子来感谢这一切。1789 年，华盛顿总统在就职声明中宣布感恩节为美国正式节日，1863 年美国总统林肯又宣布每年 11 月的最后一个星期四为感恩节，1941 年美国国会通过每年 11 月的第四个星期四为感恩节。于是，在美国，感恩节以法律的形式固定下来。

感恩节的意思是感谢给予的日子。

感恩节一年只有一天，但一年有 365 天，是不是一年只在那一天感恩呢？其实，并不是这样。感恩与否，是一个人的人生态度。如果你学着每天都在感恩，以感恩的态度面对每一件事，连不如意的事也会变得没什么了。风来了，我们感恩，它吹走了落叶；雨下了，我们感恩，它滋养了土地。记得有首《感恩的心》的歌，唱得非常好。

感恩的心，感谢有你，

伴我一生，

让我有勇气做我自己。

感恩的心，感谢命运，

花开花落我一样珍惜。

在这个世界上，你所感恩的事情会越来越多，你所认为理所当然的事情会越来越少。让我们培养凡事感谢的态度。感谢所有曾经帮助过你的人，感谢你身边所有的人。感激伤害你的人，因为他磨炼了你的心态；感激欺骗你的人，因为他增进了你的见识；感激鞭打你的人，因为他消除了你的惰性；感激遗弃你的人，因为他教导你要自立。

一只老鼠掉进了一只桶里，怎么也爬不出来。老鼠吱吱地叫着，它发出了哀鸣，可是谁也听不见。可怜的老鼠心想，这只桶大概就是自己的坟墓了。正在这时，一只大象经过桶边，用鼻子把老鼠吊了出来。

"谢谢你，大象。你救了我的命，我希望能报答你。"

大象笑着说："你准备怎么报答我呢？你不过是一只小小的老鼠。"

过了一些日子，大象不幸被猎人捉住了。猎人们用绳子把大象捆了起来，准备等天亮后运走。大象伤心地躺在地上，无论怎么挣扎，也无法把绳子扯断。

突然，小老鼠出现了。它开始咬着绳子，终于在天亮前咬断了绳子，替大象松了绑。

"你看到了吧，我履行了自己的诺言。"小老鼠对大象说。

我们每个人在生活中，都会得到别人的帮助，接受他人的恩惠。我们应该用心记住这些，并且用感恩之情回报这个世界，那么生活在我们眼里会变得越来越美好。

有两个商人，已在沙漠行走多日，在他们口渴难忍的时候，碰见一个赶骆驼的老人，老人给了他们每人半瓷碗水。两个人面对同样的半碗水，一个抱怨水太少，不足以消解他身体的饥渴，怨恨之下竟将半碗水泼掉了；另一个也知道这半碗水不能完全解除身体的饥渴，但他却拥有一种发自心底的感恩，并且怀着这份感恩的心情，喝下了这半碗水。结果，前者因为拒绝这半碗水死在沙漠之中，后者因为喝了这半碗水，终于走出了沙漠。

这个故事告诉人们，对生活怀有一颗感恩之心的人，即使遇上再大的灾难，也能熬过去。感恩者遇上祸，祸也能变成福，而那些常常抱怨生活的人，即使遇上了福，福也会变成祸。

一只蚂蚁准备到河对岸去建立新的家庭，但是河上没有桥。正在危难之际，河边的柳树上飘下一片枯叶，刚好落在河水边，蚂蚁赶忙爬上去，随着柳叶漂到了河对岸。

"谢谢你！"蚂蚁满怀感激地对柳叶说。

由于一时未找到理想的安身之处，夜晚来临时，这只蚂蚁冻得瑟瑟发抖。一条蚯蚓见了，忙热情地邀请蚂蚁到它的洞里过夜，蚂蚁欣然同意了，并真诚地向蚯蚓表达了情意。

第二天，蚂蚁在寻找新家的途中，由于粒米未进，在它感到又渴又饿时，一只乌鸦送给了它一粒豌豆，蚂蚁接过豌豆后，又真诚地对乌鸦说了声"谢谢"。

两个过路的人见了后，一个人说："蚂蚁的运气真好，处处都能得到帮助。"

"不是蚂蚁运气好，它之所以能处处得到帮助，是因为它常把'谢谢'挂在嘴边。"另一个人说。

当然，向他人表达感激之心的言辞并不止"谢谢"两字，但如果你连这两个最简单的字都不愿说出口，别人怎么会知道你的感激之情呢？虽然每个向你伸出援助之手的人的初衷不是为了得到这两个字，但这两个字如果是由你真心诚意说出口的话，那么对方还是很受用的，并且同时还会认为你是个真诚的人，在今后的日子里，也乐意与你交往。

感恩是爱的根源，也是快乐的源泉。如果我们对生命中所拥有的一切能心存感激，便能体会到人生的快乐、人间的温暖以及人生的价值。班尼迪克特说："受人恩惠，不是美德，报恩才是。当他积极投入感恩的工作时，美德就产生了。"

感恩之心会给我们带来无尽的快乐。为生活中的每一份拥有而感恩，能让我们知足常乐。感恩不是炫耀，不是停滞不前，而是把所有的拥有看作是一种荣幸，一种鼓励，在深深感激之中进行回报的积极行动，与他人分享自己的拥有。感恩之心使人警醒并积极行动，更加热爱生活，创造力更加活跃；感恩之心使人向世界敞开胸怀，投身到仁爱行动之中。没有感恩之心的人，永远不会懂得爱，也永远不会得到别人的爱。

拥有感恩之心的人，即使仰望夜空，也会有一种感动，正如康德所说："在晴朗之夜，仰望天空，就会获得一种快乐，这种快乐只有高尚的心灵才能体会出来。"

生活中确实需要感恩，不懂得感恩，生活便会黯然失色，人生便没有滋味。

感恩是一种深刻的感受，能够增强个人的魅力，开启神奇的力量之门，发掘出无穷的智慧。感恩也像其他受人欢迎的特质一样，是一种习惯和态度。你必须真诚地感激别人，而不只是虚情假意。

感恩和慈悲是近亲。时常怀有感恩的心情，你会变得更谦和、可敬且高尚。

每天都该用几分钟的时间，为你的幸运而感恩。所有的事情都是相对的，不论你遇到何种磨难，都不是最糟的，所以你要感到庆幸。

"谢谢你"、"我很感谢"，这些话应该经常挂在嘴边。以特别的方式表达你的谢意，付出你的时间和心力，比物质的礼物更可贵。

青少年朋友，如果你想有拥有美好的人生，那就常怀一颗感恩的心吧！想一些令你觉得心怀感激的事，让自己全心全意地浸润其中。令你心怀感谢的，或许是父母的健康平安；或许是朋友对你从来不间断的关爱；也许你会为早晨能从舒适的床上悠悠醒来，并且有早餐可吃而心存感激；也许你经历了长久以来种种毁灭性的灾难之后，仍能存活到今天而谢天不已……不要保留、不要抗拒，就让自己淹没在感恩的洪流里吧，人的快乐就在其中。

＞名 人 简 介＜

松下幸之助（1894 年 –1989 年），日本著名企业家，被人称为"经营之神"，首创"事业部"、"终身雇佣制"、"年功序列"等企业管理制度。松下幸之助只受过 4 年小学教育，曾离家当过学徒，1918 年，23 岁的松下在大阪建立了"松下电气器具制作所"，7 年之后，松下幸之助成了日本收入最高的人，1989 年他逝世时，留下了 15 亿多美元的遗产。

习惯，决定我们的命运

习惯成就一切

习惯一旦培养成之后，便用不着借助记忆，很容易地、很自然地就能发生作用了。

——洛 克

好的习惯能助我们成功，而坏的习惯能成为我们前进的绊脚石。

乔·吉拉德 49 岁时便退休了。他连续 12 年保持全世界推销汽车的最高纪录，他平均每天销售 6 辆汽车，被载入吉尼斯世界纪录大全，成为"全世界最伟大的推销员"。

在全世界任何一个地方，人们都会问乔·吉拉德同样的问题：你是怎样卖出东西的？

他说："生意的机会遍布在工作和生活当中的每一个角落，关键是看你如何发现和利用机会。"多年前他就养成一个习惯：只要碰到人，就会给人名片。

在递给别人名片的当下，他会说："您好，我是乔·吉拉德，我是卖汽车的。您可以留下这张名片，也可以把它扔掉。如果留下，您知道我是干什么的、卖什么的，必要时可以与我联系。"乔·吉拉德认为，推销的要点是：推销产品之前先要推销自己。

他到处发名片，到处留下他的影子、他的痕迹。每次付账时，他都会在账单里放上两张名片。去餐厅吃饭，他给的小费每次都比别人多，同时放上两张名片。出于好奇，人家往往要看看这个人是做什么的。

他甚至不放过用看体育比赛的机会来推销自己。每次看体育比赛，他都会买最好的座位，他知道坐在越前面的人越有钱，越有钱的人越有可能向他买汽车。他会拿1万张名片，与左右前后的人交换名片。然后，在人们欢呼的时候把名片扔出去。经年累月地发名片，不断地结交人脉，渐渐地人们开始谈论他，并且根据乔·吉拉德的名片买他的东西。

良好的习惯是人一生中最宝贵的财富，一个习惯养成一种品格，一种品格决定一种命运。

"习惯"不只包括我们平时饮食起居的习惯，更有工作的习惯，为人处世的习惯，还有思考的习惯。

习惯的养成，只是动作的积累，脑神经指令的重复。这种行动你做得越多，脑神经所受的刺激和记忆就越深，你的反应也会更加熟练，于是就形成了习惯。

一家大图书馆被烧之后，只有一本书被保存了下来，但并不是一本很有价值的书。一个识得几个字的穷人用几个铜板买下了这本书。这本书并不怎么有趣，但这里面却有一个非常有趣的东西！那是窄窄的一条羊皮纸，上面写着"点金石"的秘密。

点金石是一块小小的石子，它能将任何一种普通金属变成纯金。羊皮纸上的文字解释说，点金石就在黑海的海滩上，和成千上万的与它看起来一模一样的小石子混在一起。但秘密就在这儿：真正的点金石摸上去很温暖，而普通的石子摸上去是冰凉的。然后，这个人变卖了他为数不多的财产，买了一些简单的装备，在海边扎起帐篷，开始检验那些石子。这就是他的计划。

他知道，如果他捡起一块普通的石子，并且因为它摸上去冰凉，就将其扔在地上，他有可能几百次地捡拾起同一块石子。所以，当他摸着石子冰凉的时候，就将它扔进大海里。他这样干了一整天，却没有捡到一块是点金石的石子。然后他又这样干了一个星期，一个月，一年，三年……他还是没有找到点金石。然而他继续这样干下去，捡起一块石子，是凉的，将它扔进海里，又去捡起另一块，还是凉的，再把它扔进海里，又一块……

但是有一天上午他捡起了一块石子，而且这块石子是温暖的……他把它随手就扔进了海里。他已经形成了一种习惯——把他捡到的石子扔进海里。他已经如此习惯于做扔石子的动作，以至于当他真正想要的那一块石子到来时，他也还是将其扔进了海里！

拿破仑·希尔说："习惯能成就一个人，也能摧毁一个人。"习惯有时是会成为你成功的障碍，让你扔掉握在手里的机会——坏的习惯尤其如此。

习惯是一种顽强的力量，它可以主宰人的一生。因此，我们每个人都要养成良好的习惯，无论从学习到工作，从为人到处事，从我们生活的各个方面……如果养成良好的习惯，你就会受益终生。

某大学有一批应届毕业生，实习时被导师带到北京的国家某部委实验室里参观。全体学生坐在会议室里等待部长的到来，这时有秘书给大家倒水，同学们表情木然地看着她忙活，其中一个学生还问："有绿茶吗？天太热了。"秘书回答说："抱歉，刚刚用完了。"有一个叫孙涛的学生看着有点别扭，心里嘀咕："人家给你倒水还挑三拣四的。"轮到他时，他轻声说："谢谢，大热天的，辛苦了。"秘书抬头看了他一眼，满含着惊奇，虽然这是很普通的客气话，却是她今天听到的唯一的一句。

门开了，部长走进来和大家打招呼，不知怎么回事，静悄悄的，没有一个人回应。孙涛左右看了看，犹犹豫豫地鼓了几下掌，同学们这才稀稀落落地跟着拍手，由于不齐，越发显得零乱起来。部长挥了挥手："欢迎同学们到这里来参观。平时这些事一般都是由办公室负责接待，因为我和你们的导师是老同学，非常要好，所以这次我亲自来给大家讲一些有关的情况。我看同学们好像都没有带笔记本，这样吧，王秘书，请你去拿一些我们部里印的纪念手册，送给同学们作纪念。"接下来，更尴尬的事情发生了，大家都坐在那里，很随意地用一只手接过部长双手递过来的手册。部长脸色越来越难看，走到孙涛面前时，已经快要没有耐心了。就在这时，孙涛礼貌地站起来，身体微倾，双手握住手册恭敬地说了一声："谢谢您了！"部长闻听此言，不觉眼前一亮，伸手拍了拍孙涛的肩膀："你叫什名字？"孙涛如实回答，部长微笑着点头回到自己的座位上。早已汗颜的导师看到此景，微微松了一口气。

两个月以后，毕业分配表上，孙涛的去向栏里赫然写着该部委实验室。有几位颇为不满的同学找到导师："孙涛学习成绩最多算是中等，凭什么选他而没选我们？"导师看了看这几张尚属稚嫩的脸，笑道："是人家点名来要的。

其实你们的机会完全一样，你们的成绩甚至比孙涛还要好，但是除了学习之外，你们需要学的东西太多了。"

孙涛同学的一句"谢谢"，一个起身，就体现了他有尊敬别人的习惯，恰恰这一习惯，又形成了他善于待人接物的性格，而这一性格的充分表现，又帮助他获得了一个令人羡慕的进部委的机会，从而改变了他人生的轨迹。

或许你习惯了懒懒散散、心灰意冷地过日子；或许你对抽烟、酗酒、拖延、懒惰等这些坏习惯熟视无睹，那么你就不要再慨叹生活对你的不公，你就不要说梦想很难实现，更不要说你的一切都很倒霉。归根到底，这一切都是你的坏习惯在作祟。如果你永远抱着这种坏习惯不放，却还在想着成功，那真是难于上青天。

成功者之所以成功，不是因为他们有着多么高的天赋和超常的才能，而是因为他们有着良好的习惯，并善于用良好的习惯来提高自己的工作效率，进而提高自己的生活品质。他们发现，好习惯能改变命运，使自己过上充实的生活；好习惯能使身心健康，邻里和睦，家庭幸福美满。这一切都来源于好习惯的力量。

每个人都有自己后天所培养的习惯，而成为与他人有所不同的个体。但是有的时候你必须审查自己所有的习惯是否有益，如果是好的习惯，请坚持下去；如果发现你的习惯是不好的，一定要改变它。

一个好的习惯也可以产生巨大的力量，如果你反复地重复着一件有益的事情，渐渐地，你就会喜欢去做，这样一来，所有的困难都显得微不足道了。习惯的力量是巨大的，它可以冲破困难的阻挠，帮助你走上成功的道路。

常言道："播种一种行为，就会收获一种习惯；播种一种习惯，就会收获一种性格。"

习惯是一条"心灵路径"，我们的行动已经在这条路上旅行多时，每经过它一次，就会使这条路径更深一点，如果你曾经走过一处田野或经过一处森林，你就会知道，你一定会很自然地选择一条最干净的小径，而不会去走一条荒芜的小径，更不会横越田野，或从林中直接穿过。心灵行动的路线会依照那种最没有阻碍的路线来进行，使你走上很多人走过的道路。

好的习惯能让更多的人愿意结识我们，与我们合作，并相互提供更多的空间；好的习惯让我们拥有好的开端、好的过程，还有一个好的结局。生命至此，就是境界了。

当某种习性已经影响到你自己的做人、做事、思维、健康、行为、声誉等的时候，对这样的习性无论是好的还是坏的，你都要十分在意，因为它们已经到了足以影响你事业成败的程度。

在改变坏习性的时候，你必须认识到：良好的习性，是一切成功的钥匙；坏的习性，是通向失败的敞开的门。同时，你还要认识到：在你过去的行为当中，你的行动曾受欲念、情感、偏见、贪婪、恐惧、环境、习性所支配。因此，告诉自己：如果我们一定要全心全力地服从习性的话，就一定要全心全力服从良好的习性，要将坏习性全部摧毁。

你要遵循的第一个法则就是改变坏习性，而且全心全力地去实行。

当你改变坏习性的意念也成了一种习性，那一切就都容易了。

当你改掉了坏习性，你就脱去了你身上的老皮，你就迎来了你的新生，就像从蛹到美丽的蝴蝶一样。

如果你想成功，你首先得做一个有毅力、意志坚定的人，那你就首先从改变坏习性开始吧！

看看我们自己，看看我们周围，看看芸芸众生，好习惯造就了多少辉煌成果，而坏习惯又毁掉多少美好的人生！想想看，习惯一旦形成，它就极具稳定性，心理上的习惯左右着我们的思维方式，决定我们待人接物的方式；生理上的习惯左右着我们的行为方式，决定我们的生活起居。日常的生活本身就是习惯的反复应用，而一旦遇上突发事件，根深蒂固的习惯更是一马当先地冲到最前面，所以，当我们的命运面临抉择时，是习惯帮我们作的决定。

所以，习惯成就一切！

＞名人简介＜

约翰·洛克(1632年－1704年)，英国哲学家、经验主义的开创人。他同时也是第一个全面阐述宪政民主思想的人，在哲学以及政治领域都有重要影响。主要著作有《论宽容》、《政府论》、《人类理智论》、《关于教育的思想》、《圣经中体现出来的基督教的合理性》等。

细节决定成败

> 要想获得成功，应当满足于从小处着手。
>
> ——诺贝尔

细节决定成败，这句话不无道理。千里之堤，溃于蚁穴。有时候让我们功败垂成的不是敌人的强大，环境的恶劣，而是被我们不屑一顾的细节。

国王理查三世准备拼死一战了。里奇蒙德伯爵亨利带领的军队正迎面扑来，这场战斗将决定谁统治英国。

战斗进行的当天早上，理查派了一个马夫去备好自己最喜欢的战马。

"快点给它钉掌，"马夫对铁匠说，"国王希望骑着它打头阵。"

"你得等等，"铁匠回答，"我前几天给国王全军的马都钉了掌，现在我得找点儿铁片来。"

"我等不及了。"马夫不耐烦地叫道，"敌人正在推进，我们必须在战场上迎击敌兵，有什么你就用什么吧。"

铁匠埋头干活，从一根铁条上弄下四个马掌，把它们砸平、整形，固定在马蹄上，然后开始钉钉子。钉了三个掌后，他发现没有钉子来钉第四个掌了。

"我需要一两个钉子，"他说，"得需要点儿时间砸出两个。"

"我告诉过你我等不及了，"马夫急切地说，"我听见军号了，你能不能凑合？"

"我能把马掌钉上，但是不能像其他几个那么牢实。"

"能不能挂住？"马夫问。

"应该能，"铁匠回答，"但我没把握。"

"好吧，就这样，"马夫叫道，"快点，要不然国王会怪罪到咱们俩头上的。"

两军交上了锋，理查国王冲锋陷阵，鞭策士兵迎战敌人。"冲啊，冲啊！"他喊着，率领部队冲向敌阵。远远地，他看见战场另一头几个自己的士兵退却了。如果别人看见他们这样，也会后退的，所以理查策马扬鞭冲向那个缺口，召唤士兵调头战斗。

他还没走到一半，一只马掌掉了，战马跌翻在地，理查也被掀在地上。

国王还没有再次抓住缰绳，惊恐的畜生就跳起来逃走了。理查环顾四周，他的士兵们纷纷转身撤退，敌人的军队包围了上来。

他在空中挥舞宝剑，"马！"他喊道，"一匹马，我的国家倾覆就因为这一匹马。"

他没有马骑了，他的军队已经分崩离析，士兵们自顾不暇。不一会儿，敌军俘获了理查，战斗结束了。

从那时起，人们就说：

少了一个铁钉，丢了一只马掌。

少了一只马掌，丢了一匹战马。

少了一匹战马，败了一场战役，

败了一场战役，失了一个国家。

所有的损失都是因为少了一个马掌钉。

这个著名的传奇故事出自英国国王理查三世逊位的史实，他 1485 年在波斯沃斯战役中被击败。莎士比亚的名句"马，马，一马失社稷"使这一战役永载史册，同时告诉我们一个小小的疏忽会带来多么大的灾难。

海尔集团总裁张瑞敏说："把每件简单的事做好就是不简单，把每一件平凡的事做好就是不平凡。"

杰克·韦尔奇说："世界上没有什么事小到不需要我们用心去关注，世界上也没有什么事大到我们用心也无法达成。"

我们可以发现，宇宙中的万事万物都是从小变成大的。所有顶尖成功人士也都是从小事做起，慢慢做大事的。一个人的大成就是小成就的累积。

日本东京贸易公司有一位专门负责为客商订票的小姐，她给德国一家公司的商务经理购买往来于东京、大阪之间的火车票。不久，这位经理发现了一件趣事：每次去大阪时，他的座位总是在列车右边的窗口；返回东京时又总是靠左边的窗口。经理问小姐其中缘故，小姐笑答："车去大阪时，富士山在你右边，返回东京时，山又出现在你的左边。我想，外国人都喜欢日本富士山的景色，所以我替你买了不同位置的车票。"就这么一桩不起眼的小事使这位德国经理深受感动，促使他把与这家公司的贸易额由 400 万马克提高到 1200 万马克。

成大业若烹小鲜，做大事必重细节。想做大事的人很多，但愿意把小事做细的人很少。其实，我们不缺少雄韬伟略的战略家，缺少的是精益求精的执行者；不缺少各类管理规章制度，缺少的是对规章条款不折不扣的执行。中国有句名言："细微之处见精神。"细节，微小而细致，在市场竞争中它从来不会叱咤风云，也不像疯狂的促销策略，立竿见影地使销量飙升；但细节的竞争，却如春风化雨润物无声。今天，大刀阔斧的竞争往往并不能做大市场，而细节上的竞争却将永无止境。一点一滴的关爱，一丝一毫的服务，都将铸就用户对品牌的信念。这就是细节的美，细节的魅力。

雷纳经理决定在威尔士和麦得利两人之间选择一个人做自己的助理。为了体现民主与公正，雷纳经理便决定由全体员工投票选举。投票结果却出人意料，威尔士和麦得利的得票数竟然相同。雷纳经理犯难了，便决定亲自对两人进行一番考察，然后再作决定。威尔士和麦得利觉得这样做也很公平，便都欣然同意了。

一天，雷纳经理在餐厅里吃饭。用餐时，他看见威尔士吃过饭后，把餐盘都送进了清洗间，而麦得利呢，吃完后一抹嘴巴，便把餐盘推到了餐桌的一边，然后起身走了。

又有一天，雷纳经理很随意地走进威尔士的办公室，只见威尔士正在做下个月的销售计划，便问威尔士："每次都是你亲自做销售计划？为什么不让下面分店的负责人去做呢？"

"是的，我总是亲自做销售计划，这样我既能从总体上把握，又能做到心中有数。再说，这样的小事，就麻烦下面分店的负责人，我觉得也没有必要。"

雷纳经理又背着手踱到麦得利的办公室，麦得利也正在看一份销售计划。

"这是你自己做的计划吗？"雷纳经理问。

"这样的小事我一般都让下面的分店负责人来做，我只管大的销售计划。"

"那么你有成熟的销售计划吗？"

"这个……这个……我还没有。"

第二天，雷纳经理便宣布威尔士为自己的助理。

威尔士之所以能当上经理助理，主要得益于他不放过任何一件小事，不小看任何一件小事，并且认真地做好每一件小事。

对于小事，很多人都不愿意去做，但成功者与一般人最大的不同就是他愿意做别人不愿意做的事情。一般人都不愿意付出这样的代价，可是成功者愿意，因为他渴望成功。

其实，小事不小，做小事虽然只是举手之劳，可就是在你的一举手一投足之间，才能体现出你的细心、你的敬业，才能体现出你的与众不同。

马丁·路德·金博士深谙这一原则的价值。他说："尽管人们的能力、背景甚至选择都各不相同，但都可以出色地完成身边的小事。"他曾写道："如果你是清洁工，那么你就认真清扫马路吧，就像贝多芬作曲、莎士比亚写诗、伦勃朗作画一样。这样，当你离开这个世界去到天堂时，天主就会说：'这是一个尽职尽责的清洁工。'"

从小处着手，做好一件件小事，以后你一定能成就一番大事业。青少年无论在学习上、生活上，都要做好每一个细节，平时做好每一次练习、每一道习题，认真背好每一个单词，相信你的成绩一定会非常优秀的。

＞名 人 简 介＜

阿尔弗雷德·诺贝尔（1833年－1896年），瑞典化学家，出生于瑞典一个贫穷的家庭里。他不仅在化学方面研究发明了硝化甘油引爆剂、雷管、硝化甘油固体炸药和胶水炸药而被世人誉为"炸药大王"，而且他在光学、电学、枪炮学、机械学、生物学和生理学等方面也都很有研究。他一生共获得200多项技术发明专利。

每天进步一点点

> 　　对悬崖峭壁，一百年也看不出一条缝来，但用斧凿，能进一寸进一寸，能进一尺进一尺，不断积累，飞跃必来，突破随之。
>
> ——华罗庚

　　许多人最大的弱点就是想在顷刻之间成就丰功伟绩，这显然是不可能的。任何事情都是渐变的，只有持之以恒，只有坚持每天学一点东西，才能有助于一个人最后达到成功。

　　两个年轻人一同寻找工作，一个是英国人，一个是犹太人。

　　一枚硬币躺在地上，英国青年看也不看地走了过去，犹太青年却激动地将它捡起。英国青年对犹太青年的举动露出鄙夷之色：一枚硬币也捡，真没出息！犹太青年望着远去的英国青年心生感慨：让钱白白地从身边溜走，真没出息！

　　两个人同时走进一家公司。公司很小，工作很累，工资也低，英国青年不屑一顾地走了，而犹太青年却高兴地留了下来。

　　两年后，两人在街上相遇，犹太青年已成了老板，而英国青年还在寻找工作。英国青年对此不可理解，说："你这么没出息的人怎么能这么快地'发'了？"

　　犹太青年说："因为我没有像你那样绅士般地从一枚硬币上迈过去。你连一枚硬币都不要，怎么会发大财呢？"

英国青年并非不要钱，可他眼睛盯着的是大钱而不是小钱，所以他的钱总在明天。但是，没有小钱就不会有大钱，你不懂得从小事做起，那么成功就永远不会降临到你的头上。

老子曾说过："合抱之木，生于毫末。九层之台，起于累土。千里之行，始于足下。"这句话的意思是：任何事情的成功都是由小到大逐渐积累的。这也就是说，一个人想成功，必须从小事做起。

有甲乙两位青年学子，共同师从一位著名学者，甲比乙不仅起点高，头脑也活泛；乙虽然起点比甲要低，但却极富韧性和钻研精神。起初，甲的进步极快，很快得到了社会认可，而乙却无声无息。甲也因此成了公众人物，媒体的专访和各种应酬应接不暇，甲对这些诱惑来者不拒，而乙仍然潜心研读。有道是，出水才看两腿泥。过了几年，乙在自己的领域宏图大展，成了一名世界知名的学者，而甲却因为放弃了自我追求，成了一名现代的方仲永。

每天进步一点点的原则，是成功的人生战略，无论对精神生活的追求、对物质生活的追求还是对事业成功的追求都是如此。我们可以追求短期效应，但目光却应放得更长远些，不要计较一城一池的得失，不要让急功近利蒙住我们智慧的双眼。

每天进步一点点，虽然只有一点点，可是我们仍在进步，仍在前进，怕就怕止步不前，这样你永远都成功不了。

李嘉诚虽然年岁渐老，但依然精神矍铄，每天要到办公室中工作，从来不曾有半点懈怠。据李嘉诚身边的工作人员称，他对自己业务的每一项细节都非常熟悉，这和他几十年养成的良好的生活工作习惯密切相关。

李嘉诚晚上睡觉前一定要看半小时的新书，了解前沿思想理论和科学技术，据他自己称，除了小说，文、史、哲、科技、经济方面的书他都读，每天都要学一点东西。这是他几十年保持下来的一个习惯。他回忆说："年轻时我表面谦虚，其实内心很'骄傲'。为什么骄傲？因为当同事们去玩的时候，我在求学问，他们每天保持原状，而我自己的学问日渐增长，可以说是自己一生中最为重要的。现在仅有的一点学问，都是在父亲去世后，几年相对清闲的时间内每天都坚持学一点东西得来的。因为当时公司的事情比较少，其他同事都爱聚在一起打麻将，而我则是捧着一本《辞海》、一本老师用的课本自修起来。书看完了卖掉再买新书。每天都坚持学一点东西。"

不要迷失自己的目标，每次只把精力集中在面前的小目标上，这样，遥不可及的目标便近在眼前了。

著名的作家、战地记者希达·赖德先生曾用这种方法救了自己的生命，听听他讲的亲身经历吧：

第二次世界大战期间，我跟几个人不得不从一架破损的运输机上跳伞逃生，结果迫降在缅印交界处的树林里。当时我们唯一能做的就是拖着沉重的步伐往印度走，全程长达 140 英里，必须在 8 月的酷热中和季风所带来的暴雨侵袭下，翻山越岭，长途跋涉。

才走了一个小时，我一只长筒靴的鞋钉就扎了脚。傍晚时双脚都起泡出血，像硬币那般大小。我能一瘸一拐地走完 140 英里吗？别人的情况也差不多，甚至更糟糕。他们能不能走呢？我们以为完蛋了，但是又不能不走。为了节省体力，我们每次只走一英里，休息十分钟后，便继续下一英里的路程。我们就这样走着，有一天，我们竟然惊奇地发现我们已走出了这一段魔鬼旅程。

大海是由一滴一滴水汇集而成的；

房屋是由一砖一瓦砌成的；

大力神杯是靠赢得一场又一场的比赛才获得的；

…………

每个重大的成就都是一系列的小成就累积而成的。

按部就班做下去是唯一的实现目标的聪明做法。有些时候，某些人从表面看来似乎是一夜成名，但是如果你仔细看看他们的历史，就知道他们的成功并不是偶然的。他们为最后的成功已经积累了很多的能量。他们每天都是在为最后的成功拼搏着。

获取任何成功，都不是一蹴而就的事，都需要采取循序渐进的方法。许多人做事之所以会半途而废，并不是因为困难大，而是与成大事者距离较远，正是这种心理上的因素导致了失败，把长距离分解成若干个距离段，逐一跨越它，就会轻松许多，希达·赖德先生就吸收了在丛林中逃生的办法，在以后的创作中获得了巨大的成功，看看他是怎么做的吧！

当我推掉其他工作，开始写一本 25 万字的书时，心一直静不下来，我差点放弃了一直引以为荣的教授尊严，也就是说几乎不想干了。

最后我强迫自己只去想下一个段落怎么写，而非下一页，当然更不是下一章。整整 6 个月的时间，除了一段一段不停地写以外，什么事情也没做，结果居然写成了。

几年以前，我接了一件每天写一个广播剧本的差事，到目前为止一共写了 2000 个。如果当时签一张"写作 2000 个剧本"的合同，我一定会被这个庞大的数字吓倒，甚至把它推掉的。好在我只是写一个剧本，接着又写一个，就这样日积月累真的写出这么多了。

没有人能一步登天，一口吃个胖子，所以梦想一举成名，一下成为一个成大事者是不可能的。因此，青少年朋友应该懂得：真正的成大事者善于化整为零，从大处着眼，从小处着手。

＞名 人 简 介＜

华罗庚（1910 年－1985 年），出生于江苏金坛市金城镇，是世界著名数学家，中国解析数论、矩阵几何学、典型群、自安函数论等多方面研究的创始人和开拓者。在国际上以华氏命名的数学科研成果就有"华氏定理"、"怀依－华不等式"、"华氏不等式"、"普劳威尔－加当华定理"、"华氏算子"、"华－王方法"等。他为中国数学的发展做出了举世瞩目的贡献。

化解压力，弹性生存

> 让我们不要祈求免遭危难，只让我们能大胆地面对它们。
>
> ——泰戈尔

世界上不存在没有任何压力的环境。要求生活中没有压力，就好比幻想在没有摩擦力的地面上行走一样不可能，关键在于怎样对待压力。

1993 年 3 月 9 日，桑塔纳总经理方宏坠楼自杀！

他走得很平静，他的家人及秘书事先没有发现一点异样，他们很难将他生前的行为与他的自杀联系起来。方宏洁身自好，没有政治问题，也没有经济问题，他的死让许多人百思不得其解。

方宏在事业上应当说是很成功的。在出任总经理之前，曾任公司董事会秘书长兼大项目协调部经理。在企业的发展过程中，方宏付出了巨大的心血，人称"中国的艾柯卡"。方宏在产品制造方面达到了很高的造诣，被某著名大学聘为名誉教授。

随着事业的成功、地位的上升，方宏面临的压力也越来越大，心理负担也日益加重。他显得有些力不从心了，每晚都要靠安眠药的帮助入睡。使他心力交瘁的是 1993 年公司的年产量要在 1992 年的基础上提高 35%，但资金方面存在较大的困难。此时与他感情笃深的夫人偏偏又患了癌症，动了大手术……终于有一天，他将文件交给秘书时说："我想安静一会儿，请你们别来打扰。"16 分钟之后，方宏从 5 楼总经理室的窗口跳下，轰然坠地。

现代社会是一个到处充满压力的社会，有求学的压力，有家庭的压力，有工作的压力。从事压迫感研究 30 多年的塞利说："现代人要么学会控制压迫感，要么走向事业的失败、疾病和死亡。"方宏就是一个非常典型的反面案例。

研究压力对于人类身心影响最有名的加拿大医学教授赛勒博士曾说："压力是人生的香料。"他提醒我们，不要认为压力只有不良影响，而应转换认知和情绪，多去开发压力的有利影响，本来人类在其一生中，就是无法摆脱压力。

既然无法逃避压力，就要学习与压力共处，若无法通过克服压力来获得回馈，甚至无法与压力和平相存则可能导致各种身体与精神疾病。

任何人都会遇到压力。要想工作顺心顺手，就必须接受这些压力，把它当成现实工作中的一部分，尽力去排解它。与其逃避压力，不如正面回应它。面对压力，你有两种选择，你可以举白旗投降，承认你一点办法都没有；你也可以找出一条完全不同的新路经，试着用一种新的态度来处理压力，寻找到一个平衡点，把压力维持在一个有利的范围之内。

中央电视台著名的主持人朱迅，在大三时，就开始在日本 NHK 做现场直播的音乐节目。一开始，NHK 的导演就说："如果你不能胜任。下次我们就考虑换人。"经纪人也给她施加压力，一句一句地教她怎么说，给她看大量的带子。这些压力让朱迅感到紧张，不知如何下手。但她很快就学会了如何克服和解决压力，如何放松自己，主持经验和技术也慢慢得以提升。

现在，许多大学生都面临着就业压力，就业难是社会上一个很普遍的现象。其实，要找到一个工作并不难，只是许多大学生没有很好的定位，在严峻的就业形势面前没有学会弹性生存。

在美国有位博士奔波多日，四处碰壁，一无所获。万般无奈，他来到一家职业介绍所，没出示任何学位证件，以最低的身份作了登记。出乎意料的是，他很快接到职介所的通知，他被一家公司录用了，职位是程序输入员。对一位计算机博士来说，这个职位显然是大材小用了。但是他很珍惜这份工作，因而干得很投入、很认真。不久，老板发现这个小伙子能查出程序中不易察觉的问题，其能力非一般程序输入员可比。此时，他亮出了学士证书，老板给他换了相应的职位。过了一段时间，老板发觉这位小伙子能提出许多有独特见解的建议，其本领远比一般大学生高明。此时，他亮出了硕士证书，老板立刻提拔了他。又过去了半年，老板发觉他能解决实际工作中遇到的所有技术难题，于是决意邀他晚上去家中喝酒。一直到酒席桌上，在老板再三盘问下，他才承认自己是计算机博士，因为工作难找，就把博士学位瞒了下来。第二天一上班，他还没来得及出示博士证书，老板已宣布他就任公司副总裁。

每个人对自己潜能的大小，往往认识的不够，只有经过大责任、大变故，或大危难的磨炼，才能把潜能激发出来。这就如同一颗潜水艇的水雷，没有巨舰的撞击，它是不会发出这样大的爆炸力的。孩子们可以把它抛掷，将它滚转，用它做种种游戏，甚至用它打穿房屋的墙壁，也不会引爆它。而当它遇到一尺多厚的军舰钢板的阻挡，它可怖的杀伤力才能全部爆发出来。

人在受到巨大压力时，有时会产生意外的力量。他会想从那里脱离而拼命地去挣扎，这种不肯认输的热情会涌现出来。这种斗志在普通人看来，有时会产生奇迹一般的现象。

琼斯在威斯康星州经营农场，有限的收入只能勉强维持全家人的温饱，他的身体强健，工作认真勤勉，从来不敢妄想拥有巨大的财富。在一次意外事故中，琼斯瘫痪了，躺在床上动弹不得。亲友都认为他这辈子完了，事实却不然。

琼斯的身体瘫痪，意志却丝毫不受影响，依然可以思考和计划。他决定让自己活得充满希望、乐观、开朗，做一个有用的人，继续养家糊口，而不至于成为家人的负担。

他把自己的构想告诉家人。"我的双手不能工作了，我要开始用大脑工作，由你们代替我的双手，我们的农作物全部改成玉米，用收成的玉米养猪，趁着乳猪肉质鲜嫩的时候灌成香肠出售，一定会很畅销！"

"琼斯乳猪香肠"果然一炮打响，成为家喻户晓的美食。

天无绝人之路。生活抛给我们一个问题，同时也给我们解决问题的能力，这就是压力与动力并存。

"压力就是动力。"这条真理早在行动时就被灌输进我们的思维当中。

当我们态度消极的时候，当我们对工作和生活感到厌烦的时候，我们会说："给我点儿压力吧！这样我才会有前进的动力。"

美国的一位传媒大亨在一次公司会议上宣布要收购旧金山三家报纸，大家讨论时，老板故意问助理对现在的职位和薪水是否满足，那名助理回答说非常满足。老板十分失望地说："我可不愿意让我的任何一个下属满足现有的地位和收入，丢掉了工作动力，而中止他的发展前途啊！"

没有动力的人，太容易满足，这样的人一生只会机械地工作，争取仅仅用来生存的薪金。只有卓越的人，才会努力挖掘自己的动力，努力进取，从一个胜利走向另一个胜利，从一次辉煌走向另一次辉煌。

学会缓解压力，寻找推动自身发展的动力，这样你将会成为生活的主人。

＞名人简介＜

泰戈尔（1861年－1941年），印度著名诗人、作家、艺术家和社会活动家。1913年获诺贝尔文学奖。生于加尔各答市的一个富有哲学和文学艺术 修养的家庭，13岁即能创作长诗和颂歌体诗集。泰戈尔是具有巨大世界影响的作家，一生共写了50多部诗集，被称为"诗圣"。其重要诗作有《故事诗集》、《吉檀迦利》、《新月集》、《飞鸟集》等。

反省是人生的一面镜子

> 反省是一面莹澈的镜子，它可以照见心灵上的污秽。
>
> ——高尔基

作家张晓风说过一句话：那个名叫"失败"的妈妈，其实不一定生得出名叫"成功"的孩子——除非她能先找到那位名为"反省"的爸爸。

有一个青年，有一天在街角的小店借用电话，他用一条手帕，盖着电话筒，然后说："是王公馆吗？我是打电话来应征做园丁工作的，我有很丰富的经验，相信一定可以胜任。"电话的接线生说："先生，恐怕你弄错了，我家主人对现在聘用的园丁非常满意，主人说园丁是一位尽责、热心和勤奋的人，所以我们这儿并没有园丁的空缺。"

青年听罢便有礼貌地说："对不起。可能是我弄错了。"跟着便挂了电话。小店的老板听了青年人的话，便说："青年人，你想找园丁工作吗？我的亲戚正要请人，你有兴趣吗？"青年人说："多谢你的好意，其实我就是王公馆的园丁，我刚才打的电话，是用以自我检查，确定自己的表现是否合乎主人的标准。"

在人的一生中，不断作自我反省，才可能令自己立于不败之地。

自省就是反省自己，这是只有人类才能办到的事。

一般来说，自省心强的人都非常了解自己的优势和劣势，因为他时时都在仔细检视自己。这种检视也叫作"自我观照"，其实质也就是跳出自己的身体，从外面审视自己的所作所为。这样做就可以真切地了解自己了，但审视自己时必须是坦率无私的。

能够时时审视自己的人，一般地过错都非常少，因为他们会时时考虑我到底有多少力量、我能干多少事、我该干什么、我的缺点在哪里、为什么失败了或成功了等等。这样做就能轻而易举地找出自己的优点和缺点，为以后的行动打下基础。

有个故事说：有两人因偷羊被捕，得到的惩罚是在他们两人的前额烙上两个英文字 ST，是"偷羊贼"(SheepThief) 的缩写，然后放了他们。

其中一人受不了这种羞辱，就躲藏到异邦，可是碰到的陌生人，仍旧不停地问他这两个字母究竟是什么意思，他的心头不得宁静，痛苦不堪，终于抑郁而终，埋在野坟中。

另一个人说："我虽然无法逃避偷过羊的事实，但我仍旧要留在这里，赢回邻居对我的尊敬。"

一年一年过去，他又重新建立起正直的名誉。

有一天，有个陌生人看到这老年人头上有两个字母，就问当地人，这究竟是什么意思。

那个乡下人说："我的额上有两个字母已经是多年以前的事了，我也忘了这件事的细节。不过我想那两个字母是，圣徒 (Sint) 的缩写。"

正如卡耐基所说："若能抬起头承认自己的错误，那么错误也能有益于你。因为承认一桩错误，不仅能增加四周人们对你的尊敬，且将增加你自己的自信。"

苏格拉底说："没有经过反省的生命，是不值得活下去的。"有迷才有悟，过去的"迷"，正好是今日"悟"的契机。因此经常反省，检视自己，可以避免偏离正道。

人人都可以养成认错的习惯。

亚伯拉罕·林肯诚恳地说过："我相信自己决不至于老到在没有话可说时，仍能大言不惭。"

他随时愿意认错的个性，使他赢得了共事者的尊敬和亲善。当他在南北战争中对葛耸将军的挺进方向判断错误时，立刻写信说："我现在想私下向你承认，你对了，我错了。"

有一位教授曾经说："如果我对一件事情的处理方法不奏效，那么我相信我必定还有许多东西尚未学会，可能我需要求助于别人，或是事情的后续发展会告诉我如何解决。不管如何，我首先得承认自己的错误，然后才能找到答案。"

古希腊时，一对夫妇因偷盗而被绑在广场上，人们万分愤怒，指责与谩骂的声音像海浪一样，一浪高过一浪。有人竟然还提议用石块将这对玷污人类道义的夫妇砸死，并取得了一致认可。正当他们准备用石块砸向这对夫妇时，耶稣路过广场。面对此景，他想了想便对愤怒的群众说："好吧，那么就让我们当中从来没有犯过错误的人扔第一块石头。"结果群众皆哑然了。"没有人定你们的罪吗？那么我也不定你们的罪吧！"耶稣又对那对夫妇说。

指责别人已经成为很多人的习惯，反省自己却比登天还难。人人都犯过错误，但很少有人能反省自己。

大多数人就是因为缺乏自省习惯，不晓得自己这些年以来的转变，才会看不清楚自己的本质。而一个不晓得自身变化的人，就无法由过去的演变经验来思考自己的未来，当然只能过一天算一天。

人非圣人，孰能无过。人生允许出现错误，但不能允许同样的错误犯第二次，人的一生如果充满着错误，那么他的结果就无法正确。犯错不可怕，可怕的是不知道错在哪里。

在一天结束时，一定要花些时间审视一下在一天中发生的事情——到什么地方去了、遇见了什么人、做了什么、说了什么等等。沉思一下做了什么、没有做什么、希望再做什么和希望不做什么。一定要尽可能生动而形象地记住那些相关的事件。记住颜色，记住情景，记住声音，记住交谈内容，记住经历。

理想的反省时间是在一段重要时期结束之后，如周末、月末、年末。在一周之末用几个小时去思索一下过去7天中出现的事件。月末要用一天的时间去思索过去一个月中出现的事情，年终要用一周的时间去审视、思索、反省生活中遇到的每一件事。

自我反省的时间越勤越有利。假如你一年反省一次，你一年才知道优缺点，才知道自己做对了什么，做错了什么。假如你一个月反省一次，你一年就有了 12 次反省机会。假如你一周反省一次，你一年就有 54 次反省机会。假如你一天反省一次，你一年就有 365 次反省机会。反省的次数越多，犯错的机会就越少。

自我反省能让自己知道明天应该做什么，应该如何去做，可以让自己不再盲目地生活。

在考查自身的生活时，既要看到正面，又要看到反面；也就是说，既看到成功，也要看到失败。我们常说"失败是成功之母"，对于我们来说，失败往往是比成功更好的老师。我们既要能享受成功的喜悦，又要能承受失败的痛苦。

传说著名高僧一灯大师藏有一盏"人生之灯"，这盏灯在当时非常有名，有很多人一直想得到这件宝物。

这可不是一盏普通的灯。这盏灯灯芯镶有一颗 500 年之久的硕大夜明珠。这颗夜明珠晶莹剔透，光彩照人。

据说，得此灯者，经珠光普照，便可超凡脱俗、超越自我、品性高洁，得世人尊重。有三个弟子跪拜求教怎样才能得到这个稀世珍宝。

一灯大师听后哈哈大笑，他对三个弟子讲："世人无数，可分三品：时常损人利己者，心灵落满灰尘，眼中多有丑恶，此乃人中下品；偶尔损人利己，心灵稍有微尘，恰似白璧微瑕，不掩其辉，此乃人中中品；终生不损人利己者，心如明镜，纯净洁白，为世人所敬，此乃人中上品。人心本是水晶之体，容不得半点尘埃。所谓'人生之灯'就是一颗干净的心灵。"

> 名 人 简 介 <

高尔基（1868 年－1936 年），苏联作家，社会主义现实主义文学的奠基人。他出身贫苦，幼年丧父，11 岁即为生计在社会上奔波，当装卸工、面包房工人，贫民窟和码头成了他的人生大学的课堂。他与劳动人民同呼吸共命运，亲身经历了资本主义残酷的剥削与压迫。这对他的思想和创作发展具有重要影响。其主要作品有《海燕之歌》、《母亲》和自传体长篇小说三部曲《童年》、《在人间》、《我的大学》。

扮演好自己的角色

> 我只有全身心地投入训练，才能成为受人敬佩的球员。
>
> ——乔 丹

人生在世，扮演着各种各样的角色，现在，我们青少年为人子女、学生，以后会成为父母、妻子、丈夫、职员、主管，不管在什么位置上，我们都要扮演好自己的角色，这样我们才能得到别人的承认，才会有丰硕的回报。

维多利亚女王与丈夫阿尔倍托感情和谐，但是也有不愉快的时候，原因就在于自己是女王。

有一天晚上，皇宫举行重要宴会，女王忙于接见贵族王公，却把丈夫冷落在一边。阿尔倍托很生气，就悄悄回到卧室去了。不久，有人敲门，阿尔倍托很冷静地问："谁？"敲门的人昂然答道："我是女王。"

门没有开，房间里没有一点动静。女王离开了，但走了一半，又回过头，再去敲门。阿尔倍托又问："谁？"女王和气地说："维多利亚。"

可是门依然紧闭。维多利亚气极了，想不到以英国女王之尊，竟然还敲不开一扇门。她带着愤愤的心情走开了，可走了一半，想想还是走回去，于是又重新敲门。阿尔倍托仍然冷静地问："谁？"女王委婉温和地说："你的妻子。"

这一次，门开了。

是的，无论一个人的地位有多高，一旦你作为别人的妻子，你就要充当妻子的角色，在丈夫的眼里，你首先是妻子，然后才是国王。

在一个家庭中，每个成员的角色决定了他们做事的方法。一个人只有扮演好自己的角色，才会好好做事，好好做事情才有追求，有追求才有奔头，有追求才有闪亮人生。

一个商人需要招聘一个小伙计，他在商店的窗户上贴了一张独特的广告："招聘：一个能自我克制的男士。每星期 40 美元，合适者可以拿 60 美元。"

每个求职者都要经过一个特别的考试。威尔森也来应聘，他忐忑地等待着，终于，该他出场了。

"能阅读吗？"

"能，先生。"

"你能读一读这一段吗？"商店老板把一张报纸放在威尔森面前。

"可以，先生。"

"你能一刻不停顿地朗读吗？"

"可以，先生。"

"很好，跟我来。"商人把威尔森带到他的私人办公室，然后把门关上。他把这张报纸送到威尔森手上，上面印着威尔森要读的一段文字。

阅读刚一开始，商人就放出 6 只可爱的小狗，小狗跑到威尔森的脚边，相互嬉戏吵闹。许多应聘者都因受不住诱惑要看看美丽的小狗，视线离开了阅读材料，因此而被淘汰。但是，威尔森始终没有忘记自己的角色，他知道自己当下的角色是求职者，他不受诱惑一口气读完了材料。

商人很高兴，他问威尔森："你在读书的时候没有注意到你脚边的小狗吗？"

答道："是的，我注意到了，先生。"

"我想你应该知道它们的存在，对吗？"

"对，先生。"

"那么，为什么你不看一看它们？"

"因为你告诉过我要不停顿地读完这一段。"

"你总是遵守你的诺言吗？"

"的确是，我总是努力地去做，先生。"

商人在办公室里来回走着，突然高兴地说道："你就是我想要找的人。"

扮演好自己的角色，做好自己该做的事，这在做事中是敬业。威尔森因为知道自己在做什么，并且他努力地去做好自己的本职，所以他得到了这份许多人都中意的工作。

两匹马各自拉着一辆大车。前面的一匹走得很好，而后面的一匹却常常停下来。于是人们就把后面一辆车上的货物挪放到前面一辆车上去。等到后面那辆车上的东西都搬完了，后面那匹马便轻快地前进，并且对前面那匹马说："你辛苦吧，流汗吧，你越是努力干，人们越是要折磨你。"

来到车马店的时候，主人说："既然只用一匹马拉车，我养两匹马干什么？不如好好地喂养一匹，把另一匹宰掉，总还能拿到一张皮吧。"于是，他便这样做了。

也许，你会为另一匹马的命运感到悲哀，若果真如此，则是你的幸运，因为你已经懂得做任何工作都要尽心尽力去做这个道理。这种工作精神的有无，将直接决定你今后事业上的成功或失败。

不管学习还是工作，都要干好，不热爱自己的工作、厌恶自己工作的人，不可能获得上司的青睐和事业上的成功，因为，一个对工作不负责、不尽心尽力的人，是没有任何资本去获得成功的。

曾经有一份英国报纸刊登了一则招聘教师的广告："工作很轻松，但要全心全意，尽职尽责。"

事实上，不仅从事教师的工作应该如此，人们从事任何一件工作时，都应该全心全意、尽心尽力地去把它做好，这不仅是工作的基本原则之一，也是做人的最高原则之一。

你对工作，对学习都尽心尽力了，说明你努力了，也表现出你良好的职业素养，而这两点，是你获取成功的前提。

很难想象，一个面对成堆的工作，却什么都不愿干，反而讥笑踏实勤奋的工作伙伴的人，会受到上司的赏识和同事的欢迎。而这样的人，最终的结果不是被公司解聘就是被"流放"到一些无足轻重的部门。

一个人的事业心在很大的程度上能显示出他是否有担负更大责任的可能。

你是否能经营自己的强项，与敬业精神密不可分。如果你已经选择好自己喜欢的事，并且意识到做事是人格的表现，你也不想让人看轻，那么你就要有一种敬业精神，这样才能将自己的事情做得更好。从表面上看你是在为领导做事，但从长远看来，你为的还是自己，因此你应该对做事兢兢业业。

一位资深护士新晋升为一家大型教学医院的护理长，负责外科手术房所有护士的调度和行政事务。有一次，一位医师完成一项大手术，对护士说："好了，现在开始缝合伤口，把缝线递给我。"新任护理长焦急地回答："医生，您用了12块纱布，我们只拿出11块纱布。"医生显然生气了，不耐烦地说："我愿意负完全责任！"护理长急得跺脚："医生，请为病人想一想！"医生莞尔一笑，抬起自己的脚，地上赫然是一块纱布。他笑着说："很好，你会是一个尽职的护理长。"新任护理长显然已经通过一项严苛的测试。有几个人能像这位护理长一样，明知冒犯主刀医生有极大的风险，但是为了病人的安危，仍然毫不迟疑地提出疑问？路遥知马力，唯有负责尽职的人，才能攀登巅峰，担负大任。

敬业表面上是对领导有个交代，实际上是把工作当成自己一生的事业来做。一个人在工作中所表现出来的敬业就是勤勤恳恳、兢兢业业，并且有始有终。

敬业，表面上看是为了公司，实际是为了自己。只有敬业的人才能从工作中学到比别人更多的经验，而这些经验便是你向上发展的台阶，即使你以后换了工作，从事不同的行业，你的敬业精神也会为你带来帮助。因此，把敬业当成一种习惯的人，从事任何行业都比别人容易成功。

扮演好自己的角色，把学习、工作放在第一位，你才有可能由弱变强，找到自己理想的位置。并且敬业还让你受人尊重，就算学习成绩不怎么突出，别人也不会挑你的小毛病，甚至还会受到你的影响。

＞名人简介＜

乔丹生于1963年，出生于纽约布鲁克林，身高1.98米。1984年NBA选秀大会第一轮被芝加哥公牛队选中，1991—1993年率公牛完成NBA总冠军"三连冠"霸业。1995年3月19日重返NBA，之后1996—1998年又带领公牛队3次夺得NBA总冠军。1999年1月13日，乔丹宣布正式退役。2000年1月19日开始担任华盛顿奇才队执行总裁。

知识，让我们变得强大

思考是打开知识宝库的钥匙

> 学习知识要善于思考。思考，再思考，我就是靠这个方法成为科学家的。
>
> ——爱因斯坦

人重要的是学会思考，只有会思考，才会有智慧。智慧只属于会思考的人。

有一位擅长画猫的画家，由于画技高超，笔下的猫都栩栩如生，以至许多人把他的画买回去挂在家里后，家里的老鼠都逃光了。因此，画家被人们誉为"猫王"。

不过，这位画家性格比较古怪，一生只带了两个徒弟王品和孙超。

一天，画家把二徒弟王品叫到跟前，说："你可以出师了，你不但学到了我画猫的全部技巧，而且还在很多方面超过了我。"二徒弟王品说什么也不愿意离开师傅，但画家态度坚决，王品只好含泪辞别了师傅。

大徒弟孙超见此，便心急火燎地找到画家说："师傅，我也要出师。你为什么只让师弟出师呢？要知道我比他还早来半年呀！"

"的确，你跟我学画的时间比他长一点，但是，你这一辈子，恐怕永远也出不了师了。"画家严肃地说。

"为什么？"大徒弟孙超极为不解。

"你跟我学画，只知模仿，却没有任何创新，也就是说，你是在用手画画。而你师弟呢，则是用脑子画画，他画的猫在很多细节方面已超越了我。你的基本功虽然很扎实，但不善于思考，不善于用脑，这就是你永远出不了师，也永远无法超越你师弟的原因。"大徒弟孙超听后，不服气地走了。

若干年后，大徒弟孙超画的猫在市场上无人问津，而二徒弟王品则成了远近闻名的"猫神"。人们都说他画的猫已超过了他师傅。

其实，大徒弟和二徒弟学画的时间差别不大，而且出自同一师门，但两人的结局却是天壤之别。二徒弟成功的奥秘便是缘于他勤于思考。

如果你不勤于思考，而只是如大徒弟一般"走马观花"，学得一点皮毛知识，你的学习成绩肯定不好。在学习的过程中，如果不多问几个为什么，那么你所学的知识和你所阅读的书籍对你的用处就不大。

你通过阅读和老师的讲解来了解他人的思想，但是如果你只是直接接受这些思想，而不是用自己的大脑来思考加工，并加以检验与分析的话，就好比吃别人的残汤剩汁，或倒卖二手货物，对自己没有任何益处。

林肯与道格拉斯共同竞选伊利诺伊州参议员，二人因此成了冤家。

二人约定从斯普林菲尔德出发，进行一场竞选辩论。在出发的前一天，他们共同到当地教堂去做礼拜。道格拉斯是当时美国第一流政治红人。牧师为了讨好道格拉斯，先请他上台布道。道格拉斯一上台就利用机会转弯抹角地把林肯挖苦一番。最后，他仍然想"指挥"一下林肯，戏剧性地说："女士们，先生们，凡不愿去地狱的人，请你们站起来吧。"全场的人都站了起来，只有林肯坐在最后一排不站起来。道格拉斯忙说："林肯先生，那么你打算上哪儿去呢？"

林肯仍然坐着，不慌不忙地说："道格拉斯先生，我本来不准备发言的，但现在你一定要我问答，那么，我只能告诉你，我打算去国会。"

全场大笑。

善于动脑筋，使林肯化被动为主动，反戈一击，使道格拉斯尴尬得难以下台。

机智对一个人来说太重要了，它能给你提供智慧的密码。只有善于思考的人，才能拥有智慧。

人与人之间最大的差异在于思考模式的不同。不一样的思考模式会得到不一样的结果，思考是世界上最有生产力的工具。大凡成功者都是善于思考的人。

IBM 公司总裁办公桌上写着"思考"二字，比尔·盖茨每年有 2 个礼拜的闭关思考时间。一个人的思考品质决定了他的生活品质。假如你改善思考品质，不论在哪种环境中，都能改善生活品质，你只要认为自己是哪种人就会变成哪种人。

一位名叫威廉·丹佛斯的人，他曾是一家名为布瑞纳公司的老总。威廉·丹佛斯小时候很瘦弱，他告诉朋友，他的志向也不远大。他对自己的感觉很差，加上瘦弱的身体，这种不安全感加深了。

但是，后来一切都改变了。他在学校里遇到一位好老师。有一天，这位老师私下把他叫到一旁说："威廉，你的思想错了！你认为你很软弱，就真会变成这样一个人。但是，事实并非一定会这样，我敢保证你是一个坚强的孩子。"

"你是什么意思？"这个小男孩问，"你能吹牛使自己强壮吗？"

"当然可以！你站到我面前来。"

小丹佛斯站到老师的面前去。"现在，就以你的姿势为例。它说明你正想着自己弱的一面。我希望你做的是考虑自己强的一面，收腹挺胸。现在，照我所说的做，想象自己很强壮，相信自己会做得到。然后，真正去做，敢于去做，靠自己的双腿站在世上，活得像个真正的男子汉。"

小丹佛斯照着他的话去做了。人们最后一次见到他时，他已经 85 岁，仍然精力充沛、健康、有活力。他对人们讲的最后一句话是："记住，要站得直挺挺的，像个大丈夫！"

一个普通人由平庸变得伟大一点也不出人意料。他只不过是在别人尚没有觉察和思考时及时调整了自己的思考角度，改变了自己的思考和行为方式，而且实事求是地及时采取了行动而已。

对一个成大事的人来说，你的思考真可谓太重要了。如果你保持积极的思考，掌握了自己的思考，并引导它为你明确的成大事的目标服务的话，你就能享受到良好的结果。

有一家牙膏公司，产品优良，包装精美，很受消费者喜爱，营业额连续 10 年递增，每年的增长率都在 10% 到 20%。可是到了第 11 年，企业业绩开始停滞，第 12 年、第 13 年甚至在下滑。

公司经理召开高级会议，商讨对策。总裁许诺说：谁能想出解决办法，让公司业绩增长，重奖 10 万元。有位年轻经理站出来，递给总裁一张纸条，那张纸条上只写了一句话：将牙膏管开口扩大1毫米。总裁打开纸条，看完后，马上签了一张10万元的支票给这位经理。散会后，立即开始更换包装。第14年，公司的营业额增加了32%。

原因仅出于这一项小小的改革，起了意料不到的结果。消费者每天早晨习惯挤出同样长度的牙膏，牙膏管开口扩大1毫米，每个消费者就多用1毫米宽的牙膏，每天牙膏的消费量将多出好多。

很多事情，只要略微动一下脑筋，问题就会迎刃而解。

我们每个人都面临这个复杂而又多彩的世界，在这个充满变数并且竞争激烈，几近残酷的世界里，我们要学会比别人跑得快，因为这会成为决定成功与失败的关键。而有些人盲目地设定目标，在做事之前，不能保持高度的清醒，结果会走错方向，用错劲。到头来，只能落得个功亏一篑、一事无成的下场。因此，我们在做每件事情前，都要想想事情的原委，认真地进行策划，尽快找出捷径，确保不出现疏忽和漏洞，使自己不至于走错方向。

剑桥大学哈罗特·埃沃森教授是这样说的：人类的整体智慧水平相对于个人的想法而言，常常具有一种趋同性，而许多成功人士恰恰从这相同或相似的想法中跳出来，寻求新的出路。因为他们善于开动脑筋，会精心策划，从而会发现富有启迪意义的现象。

"思考能够拯救一个人的命运。"这句话出自拿破仑·希尔之口。当你处于消极状态的时候，用思考转换感觉，调整方向，是自我慰藉的唯一方法。一个人如果能靠积极的思考征服消极心态，对他的个人成长将是大有益处的。成大事者的习惯是：宁肯在思考上费尽力气，也不能不加思考地去随意行事。

＞名 人 简 介＜

爱因斯坦(1879年—1955年)，举世闻名的德裔美国科学家，现代物理学的开创者和奠基人。爱因斯坦在量子论、分子运动论、相对论等物理学的三个不同领域取得了历史性成就，特别是狭义相对论的建立和光量子论的提出，推动了物理学理论的革命。此外，他对社会进步事业也有重要贡献。

方法是学习的工具

> 人是活的，书是死的。活人读死书，可以把书读活，死书读活人，可以把人读死。
>
> ——郭沫若

做什么事情都有方法，只有找到适合自己的学习方法，才能有事半功倍的效果。

有一个学生诚惶诚恐地来请教他的老师，问："老师，请问我要怎样做，才能够学会您所有的智慧呢？"

老师是一位深具智慧的大师，他听到学生这样的问题，笑了笑，反问学生说："那么，你认为应该怎么样，才能够学会我所有的智慧呢？"学生想了想，立刻说："我以为，老师最好能够一次教会我所有智慧的关键，让我能够完全了解老师所了解的事情！"

大师又笑了笑，从桌上拿起了一个苹果，放到嘴边，大大地咬了一口。大师望着他的学生，口中不断咀嚼着苹果，不发一言。

过了好一会儿，大师才又张开嘴，将口中已经嚼烂的苹果，吐在手掌当中。大师伸出手，将已嚼烂的苹果拿到学生的面前，然后对着他的学生说："来，把这些吃下去！"

学生惊惶地说："老师，这……这怎么能吃呢？"

大师又笑了笑，说："我咀嚼过的苹果，你当然知道不能吃；但为什么又想要汲取我的智慧的精华呢？你难道真的不懂，所有的学习，都必须经过你本身亲自去咀嚼的。"

苹果新鲜而甜美的滋味，需要你自己去品尝与体会。人生许多宝贵的答案，也需要通过自己的思考去获得。

学习的过程，除了你自己，没有任何人可以代劳，透过知识的吸收，加上你不断地反省、思考，化为自己宝贵的经验，这就是智慧的开启之处，也是奠定你一生能够不断成长的真正基础。

学习还要注重方法，尽信书不如无书。对于书本知识，他人的经验，不可囫囵吞枣，不可全盘吸收，不可生搬硬套；要取其精华，去其糟粕，扬长避短，达到继承和创造的目的。

有人说：只要勤奋努力，就能将学习搞好。真是这样的吗？

勤奋固然重要，但现实中这样的现象却屡见不鲜：有的同学学习非常卖力，但是学习效果却很不理想；而有些同学看上去不是那种勤奋的好孩子，但学习成绩却很好。

为什么会出现这种"反常现象"，难道"勤奋努力"与"学习成绩好"成反比吗？难道是勤奋努力的同学的智商比那些不怎么用功的同学低吗？如果我们对那些看起来不够勤奋但成绩却很好的同学进行深入分析，就会发现，并非他们有着多么高的智商，而在于他们掌握了有效的学习方法。

学习不仅要讲求勤奋，而且更应当讲究方法，高效一定是科学的学习方法的结果。

方法即是捷径，方法即是效率，方法创造成绩，方法创造效益，方法创造成功。

伟大的生物学家达尔文说："一切知识中最有价值的是关于学习方法的知识。"

伟大的物理学家爱因斯坦列出了一个关于"成功"的方程式，如今，这个方程式已是全球皆知：

成功＝艰苦的劳动＋正确的学习方法＋少说空话

可见，那些学习用功但效果不好的同学，其问题可能就出在没有掌握科学、高效的学习方法上。只要他们改进了学习方法，再加上勤奋努力的可贵品质，那么，学习效率就一定会飞速提升，学习成绩必将远远超过那些不用功的同学，他们的行动一定会推翻"智商决定学习成绩"的神话，人们会惊喜地发现：比智商更重要的是学习方法。

有人说，高三的学习生活最枯燥，充满压力。可对于2003年大连高考文科状元牟欣梦同学来说，这一年过得并不紧张，学得并不枯燥，而是很轻松，很快乐。牟欣梦是个多才多艺的女生，不仅学习成绩好，还会多种乐器，尤具弹得一手好钢琴，游泳、滑冰、打篮球，样样精通。即便是在迎接高考的日子里，她也没放弃这些爱好。

这么多的爱好，这么好的成绩，牟欣梦是如何分配自己的精力，做到学习、生活两不误的呢？在谈到自己的学习体会时，牟欣梦说，这得益于她富有效率的生活、学习方式。平时上课的时候，她特别注意听讲，因为老师讲的知识都是精华，对学习具有指导性的作用。其次，她特别讲究学习质量和方法。比如，她平时并不搞题海战术，但是每做一道题，都会认认真真地去考虑这道题中的每一个知识点，并且再三进行比较，这样学习的知识就很牢固。此外，她觉得养成良好的学习习惯是非常重要的。高三的时候，每天晚上她都要抽出一定时间锻炼身体；每天学习累了的时候，她也会通过弹钢琴来舒缓一下紧张的学习情绪。有时候她还会抽空看上几部英文原版电影，对她来说，这既是一种休息、娱乐，又是在学习英语。讲求学习方法，注意劳逸结合，使她学习起来事半功倍。

这反映了昆明圆寺内的一副对联：

合道的一缕藕丝牵大象，

盲修者千钧棍棒打苍蝇。

作为21世纪的生力军和栋梁，青少年朋友还应站立在时代发展的高度来审视学习方法的重要性。毋庸置疑，人类已经步入了知识经济时代，这个时代的最大特征就是"知识大爆炸"，这就要求人们具有高效学习的能力。知识经济时代需要能够高效能地学习的人才；不会学习的人，终将会被知识经济时代的大浪所渐渐淘汰。

对于21世纪的青年来说，最重要的不是你已经学会了多少知识，而是在于是否掌握了适合自己的高效能的学习方法。

所以，掌握高效能的学习方法，不仅会使学习成绩和学习效率得到迅速的提升，更重要的是，它会使你终身受益，使你在知识经济的潮流中劈波斩浪。

中国古代有句充满哲理的话："授人以鱼，不如授之以渔。"这里所讲的"渔"，是指捕鱼的方法技巧。与其送给别人一些鱼，让他一时坐享其成；还不如教给他捕鱼的方法，让他终身受益。

＞名 人 简 介＜

郭沫若（1892 年－1978 年），中国现当代诗人、剧作家、历史学家、古文字学家。原名郭开贞，笔名郭鼎堂、麦克昂等，四川乐山人。郭沫若一生写下了诗歌、散文、小说、历史剧、传记文学、评论等大量著作，另有许多史论、考古论文和译作，对中国的科学文化事业做出了多方面的重大贡献。他是继鲁迅之后，中国文化战线上又一面光辉的旗帜。著作结集为《沫若文集》。

勤奋造就天才

> 勤奋认真是成功的发动机。
>
> ——莱特兄弟

唯有勤奋、努力，不停地学习、进步，成功的征途才会少一些弯路，才会多一些平坦。

一位清华学生这样说他自己：我在初中时也很普通，只不过在一次华罗庚金杯赛上我取得了很好的成绩，那时老师和父母的朋友都夸奖我，我觉得我不该混日子，我可以成为一名好学生，不能让别人笑话我。就这样我逐渐成了一名好学生。仔细回想这段经历，我并没有什么比别人强的，不过是竞赛上的考试题在画报上看过一些。因此比一般同学考得高并没有什么。而它却成了我的转折点，开始了我另一种人生。

中考的成绩并不足以使我进入省重点学校，但金杯赛的成绩使我进入了省重点高中。由于担心跟不上会被开除，高一上学期我疯狂地学习，即使其他人玩的时候我也在学习。除了一些课外活动，我几乎都在学习。那段时间的付出得到了回报，我的成绩迅速升到年级前几名。从此以后，我学习起来便轻松了一些。我个人认为，高一第一学期是十分重要的。这是因为在高中和初中，学习的内容和方法差异很大，而且大多数人中考后玩了一个暑假，即使到了高一也无法进入学习状态，而少数人的努力可以使成绩一跃而上。而且成绩好了以后，无论是自己的要求，还是周围的目光也都不允许你有明显的退步，正像大家看到的，过了高一第一学期，成绩已经相对稳定了。我劝刚入高中的同学不要放松，让自己一入校便停留在很好的位置上。如果没有以前的基础，也许就不会有这样一个转折。

高二后，我投入到物理竞赛的准备中去。因为保持高一的那种学习的刻苦精神，在竞赛中付出了更多的汗水。一分耕耘，一分收获，我在全国物理竞赛中取得了第六名的成绩，并进入国家集训队，进而保送进入清华大学计算机系。

由此可见，如果不勤奋，不付出一定的劳动，肯定不会成就出一番事业来。只有真诚地付出，辛勤地劳作，不停地努力，才会在收获的季节里尝到丰收的滋味。

努力不一定成功，但成功者一定是努力了。

懒惰能给个人和民族带来毁灭，它从来没有给世界历史留下好的声音。相反，勤奋可以给个人和民族创造辉煌。在世界历史上留下痕迹的事情很多都是勤奋的结果。勤奋既是一种能力和克己的训练，同时也是人类的老师，勤奋能激活人内在的激情，能使人增长才能，热爱人生。

马利欧企业的创始人马利欧，多年来每天工作18小时。他说："每周只工作40小时的人，不会太有出息。"

日本推销之神原一平在一次大型演讲会上，台下数千人静静等待着原一平的到来，想听他的成功秘诀，等了10分钟之后，原一平终于来了。他走向讲台，坐在椅子上一句话也不说，半个小时后，有人等不住了，**断断续续离**开会场。1个小时后，原一平仍然一句话也不说，这时，会场上大部分人都走了，最后只留下十几个人了。这时，原一平说话了，他说：你们是一群忍耐力最好的人，我要与你们分享我成功的秘诀，但又不能在这里，要去我住的宾馆。于是十几个人都跟着原一平去了，到了原一平房间后，他脱掉外套，脱掉鞋子，坐在床上，把袜子脱了，然后他把脚板亮给那十几个人看，人们看到原一平双脚布满了老茧，三层老茧。原一平说："这是我成功的秘诀，我的成功是我勤奋跑出来的。"

毫无疑问，懒惰者是不能成大事的，因为懒惰的人总是贪图安逸，遇到一点风险就吓破了胆。另外，这些人还缺乏吃苦实干的精神，总想吃天上掉下来的馅饼。但对成大事者而言，他们不相信伸手就能接到天上掉下来的馅饼，而是相信勤奋者必有所获，领会了"勤奋是金"这句话的深刻含义。

比尔·盖茨说："懒惰、好逸恶劳乃是万恶之源，懒惰会吞噬一个人的心灵，就像灰尘可以使铁生锈一样，懒惰可以轻而易举地毁掉一个人，乃至一个民族。"

亚历山大征服波斯人之后，他有幸目睹了这个民族的生活方式。亚历山大注意到，波斯人的生活十分腐朽，他们厌恶辛苦的劳动，只想舒适地享受一切。亚历山大不禁感慨道："没有什么东西比懒惰和贪图享受更容易使一个民族奴颜婢膝的了；也没有什么比辛勤劳动的人们更高尚的了。"

著名哲学家罗素指出："真正的幸福绝不会光顾那些精神麻木、四体不勤的人，幸福只在辛勤的劳动和晶莹的汗水中。"懒惰会使人们精神沮丧、万念俱灰；只有劳动才能创造生活，给人们带来幸福和欢乐。任何人只要劳动，就必然要耗费体力和精神，劳动也可能会使人们精疲力竭，但它绝对不会像懒惰一样使人精神空虚、精神沮丧、万念俱灰。因此，一位智者认为劳动是治疗人们身心病症的最好药物。马歇尔·霍尔博士认为："没有什么比无所事事、空虚无聊更为有害的了。"

清朝某县有位姓王的青年，是个大户人家的子弟，从小就喜爱道术，听人说崂山上有很多得道的仙人，就前去学道。

王生登上一座道观，在清幽静寂的庙宇中，一位老道正在蒲团上打坐。只见这位老道满头白发垂挂到衣领处，精神清爽豪迈，气度不凡。王生连忙上前磕头行礼，并且和他交谈起来。交谈中，王生觉得老道讲的道理深奥奇妙，便一定要拜他为师。道士说："只怕你娇生惯养，性情懒惰，不能吃苦。"王生连忙说："我能吃苦。"老道便把他留在了庙中。第二天，王生在师父的吩咐下随众人上山砍柴。

这样过了一个多月，王生的手和脚都磨出了很厚的茧子，他忍受不了这种艰苦的生活，暗暗产生了回家的念头。

又过了一个月后，王生吃不消了，可是老道还不向他传授任何道术。他等不下去了，便去向老道告辞说："弟子从好几百里外的地方前来投拜你，我这一片苦心不指望学到什么长生不老的仙术，但您不能传些一般的技术给我吗？现在已经过去两三个月了，每天不过是早出晚归在山里砍柴，我在家里，从来没吃过这样的苦。"老道听了大笑说："我开始就说你不能吃苦，现在果然如此，明天早上就送你走。"

王生听老道这样说，只好恳求说："弟子在这里辛苦劳作了这么多天，只要师父教我一些小技术也不枉我此行了。"老道问："你想学什么技术呢？"王生说："平时常见师父不论走到哪儿，墙壁都不能阻隔，如果能学到这个法术就满足了。"

老道笑着答应了他，并领他来到一面墙前，向他传授了秘诀，然后让他自己念完秘诀后，喊声"进去"，就可以去了。王生对着墙壁，不敢走过去。老道说："试试看。"王生只好慢慢走过去，到墙壁时被挡住了。老道指点说："要低头猛冲过去，不要犹豫。"当他照老道的话离开墙壁再猛向前冲到墙壁处，真的未受阻碍，睁眼已居在墙外了。王生高兴极了，又穿墙而回，向老道致谢。老道告诫他说："回去以后，要好好修身养性，否则法术就不灵验了。"说完，就让他回去了。

王生回到家中自得不已，说自己可以穿越厚硬的墙壁而畅通无阻。他妻子不相信。于是，王生按照在老道处学的方法，离开墙壁数尺，低头猛冲过去，结果一头撞在墙壁上，立即扑倒在地。

生性懒惰，却还想得道成仙，这无疑是异想天开。懒惰不改，要想获得成功，必定会碰壁的。如果说王生的遭遇是一个懒惰者的遭遇，那么王生所得的教训就是所有懒惰者的教训了。

很多人想找一条通向成功的捷径，当众里寻他千百度之后，发现"勤"字是成大事的要诀之一。

天道酬勤。没有一个人的才华是与生俱来的。在成功的道路上，除了勤奋，是没有任何捷径可走的。在每个成功者的身上，都可以看到勤劳的好习惯。

鲁迅说得更清楚："其实即使天才，在生下来的时候第一声啼哭，也和平常的儿童一样，绝不会就是一首好诗。""哪里有天才，我是把别人喝咖啡的工夫用在工作上。"

笨鸟先飞，尚可领先，何况并非人人都是"笨鸟"。勤奋，使青年人如虎添翼，能飞又能闯。

　　成功的得来可不像老鹰抓小鸡那样容易，而是勤奋工作得来的。只有辛勤地劳动，才会有丰厚的人生回报。即使给你一座金山，你无所事事，也会有一天坐吃山空的。传说中的点石成金之术并不存在，而在劳动中获得财富才是最正确的途径。你想拥有金子，唯一的办法只有辛勤地耕耘。

＞名人简介＜

　　莱特兄弟，飞机的发明者。莱特兄弟原以修理自行车为生，兄弟俩聪明好学，从1896年开始，他们就一直热心于飞行研究。通过多次研究和实验，1903年，莱特兄弟终于在北卡罗来纳州的基蒂霍克，驾驶一架由动力驱动的名为"飞行者"号飞机，成功地进行了第一次有动力的持续飞行，实现了人类渴望已久的梦想，人类的飞行时代从此拉开了帷幕。

创新让你与众不同

> 独辟蹊径才能创造出伟大的业绩，在街道上挤来挤去不会有所作为。
>
> ——布莱克

世界上每天都有很多人在碰壁，他们都在用千篇一律的方式行动，其实哪怕一点小小的改进，一种新的方式就会给自己带来好运气。这一点小小的改进，便是可贵的创新。

一家公司的贸易业务很忙，节奏也很紧张，往往是上午对方的货刚发出来，中午账单就传真过来了。随后就是快寄过来的发票、运单等。会计的桌子上总是堆满了各种讨债单。

讨债单太多了，都是千篇一律地要钱，会计常常不知该先付谁的好，经理也一样，总是大略看一眼就扔在桌上，说："你看着办吧。"但有一次是马上说："付给他。"仅有的一次。

那是一张从巴西传真来的账单，除了列明货物标的、价格、金额外，大面积的空白处写着一个大大的"SOS"，旁边还画了一个头像，头像正在滴着眼泪，简单的线条，但很生动。这张不同寻常的账单一下子引起会计的注意。也引起了经理的重视，他看了便说："人家都流泪了，以最快的方式付给他吧。"

经理和会计心里都明白，这个讨债人未必在真的流泪，但他却成功了，一下子以最快速度讨回大额货款。因为他多用了一点心思，把简单的"给我钱"换成了一个富含人情味的小幽默、小花絮，仅此一点，就让他从千篇一律中脱颖而出。

敢于创新，会让你与众不同。要积极启动创新思维，训练自己多角度地看待问题、解决问题的能力，这不仅能让你的生活充满乐趣，还能改进你的工作，提高工作效率。

敢于创新，要有打破常规的勇气，要与惯性思维做斗争，还要保持对人、对物的敏感性和好奇心。不敢越雷池一步，就永远跳不出条条框框的制约。

人一般具有正常的思维能力和思维形式，但一般的思维不一定能产生创新。创新思维与一般思维尤其是逻辑思维大不相同。

创新思维指的是开拓、认识新领域的一种思维，简单地说，创新思维就是指有创见的思维，是人们在已有经验的基础上，从某些事实中更深一步地找出新点子，寻求新答案的思维。

创新思维是潜伏在你头脑中的金矿，它绝不是什么天才之类的独特力量和神秘天赋。创新思维运用于你的头脑，可以顺利解决大到宏伟的计划，小到日常纠纷中的难题。

那么，什么是创新思维？举个例子，一个艺人举着一块价值9美元的铜板叫卖：价值28万美元。人们不了解，就问他怎么回事。他解释说："这块价值9美元的铜板，如果制成门柄，价值就增为21美元；如果制成工艺品，价值就变成300美元；如果制成纪念碑，价值就应该达到28万美元。"他的创意打动了华尔街的一位金融家，结果，那个铜板最终制成了一尊优美的胸像——一位成功人士的纪念像，最终价值为30万美元。从9美元到30万美元，这就是商人的创新思维。

一个人从小学到大学接受的基本上是逻辑思维。逻辑思维是在现有知识、经验之内的思维活动，虽然有时候它可以引起一些发现、发明，但是，它们一般都拘泥于已学过的知识，只是在某个范围内按照已知的规律进行判断和推理，从中得出一些结论。

　　而创新思维与逻辑思维相比，不同点主要在于它具有新颖性、独创性及突破逻辑思维的严谨性。与逻辑思维不同，创新思维是要突破已有的知识与经验的局限，常常是在看来不合逻辑的地方发现隐秘。创新思维在很大程度上是以直观、猜测和想象为基础而进行的一种思维活动，光凭逻辑思维是不能使一个人产生新思想的。有人说："对科学行动与积累进行逻辑分析实在是科学发展的一大障碍；科学家越推崇逻辑，他们推理的科学价值就越低，这样说是绝对不过分的。逻辑学所关心的是正确性与确实性，与创新思维完全无关。"这些论述虽有一些局限性，但却进一步说明创新思维与逻辑思维是不同的。

　　创新思维本质上就是各种不同思维形式的对立统一，它是一种辨证的思维。

　　这是几年前的一件事。我告诉我儿子，水的表面张力能使针浮在水面上，他那时才 10 岁。我接着提出一个问题，要求他将一根很大的针投放到水面上，但不得沉下去。我自己年轻时做过这个试验，所以我提示他要利用一些方法，譬如采用小钩子或者磁铁等等。他却不假思索地说："先把水冻成冰，把针放在冰面上，再把冰慢慢化开不就得了吗？"

　　这个答案真是令人拍案叫绝！它是否行得通倒无关紧要，关键一点是：我即使绞尽脑汁冥思上几天，也不会想到这上面来。经验把我限制住了，思维僵化了，这小伙子倒不落窠臼。

　　我设计的"轻灵信天翁"号飞机首次以人力驱动飞越英吉利海峡，并因此赢得了 21.4 万美元的亨利·允雷默大奖。但在投针一事之前，我并没有真正明白我的小组何以能在这场历时 18 年的竞赛中获胜。要知道，其他小组无论从财力上还是从技术力量上来说，实力远比我们雄厚。但到头来，他们的进展甚微，我们却独占鳌头。

　　投针的事情使我豁然醒悟：尽管每个对手技术水平都很高，但他们的设计都是常规的。而我的私密武器是：虽然缺乏机翼结构的设计经验，但我很熟悉悬挂式滑翔以及那些小巧玲珑的飞机模型。我的"轻灵信天翁"号只有 70 磅重，却有 90 英尺宽的巨大机翼，用优质绳做绳索。我们的对手们当然也知道悬挂式滑翔，他们的失败正在于懂得的标准技术太多了。

　　这个事例再一次提醒我们：阻碍我们成功的，不是我们未知的东西，而是我们已知的东西。我们的知识和经验成为囚禁我们思维的栅栏。

每个人都会有"自身携带的栅栏"，若能及时地从中走出来，实在是一种可贵的警悟。与生俱来的独一无二的创造自由的态度，勇于进取、自损、自贬，在学习生活中勇于独立思考，善于把日常生活中的经验注入职业生活中，精于自主创新，都是能够从自我囚禁的"栅栏"里走出来的鲜明标志。

我们必须明确，那些不能突破自身局限的人，之所以在许多场合毫无起色，是因为固守常规性思维，从而决定了自己不可能成大事。常规性思维一般是按照一定的固有思路方法进行的思维活动。他们的思维缺乏灵活性。创新性思维的核心是创新突破，而不是过去的再现重复。它没有成大事的经验可借鉴，没有有效的方法可套用，它是在没有前人思维痕迹的路线上去努力开创。

因此，创造性思维的结果不能保证每次都能成功，有时可能毫无成效，有时可能得出错误的结论，这就是它的风险。但即使是它的结果不成功，也向人们提供了以后少走弯路的教训。常规性思维虽然看来"稳妥"，但是它的根本缺陷是不能为人们提供新的启示。

对于试图成功的人来说，必须明白：人们为了取得对尚未认识的事物的认识，总要探索前人没有运用过的思维方法，寻找没有先例的办法和措施去分析认识事物，从而获得新的认识和方法，从而锻炼和提高人的认识能力。

在实践过程中，运用创新性思维，提出一个又一个新的概念，形成的一种又一种新的理论，做出的一次又一次新的发明和创造，都将不断地增加一个人成功的能力。

创新思维不再满足一个人已有的知识经验，努力探索尚未被认识的世界，从而打开新的活动局面。没有创新性思维，没有勇于探索和创新的精神，那么一个人只能停留在原有水平上，就不可能在创新中发展，在开拓中前进，必然陷入停滞甚至倒退的状态。

唯有在工作中求变化才能创新人生。这就是说，现代人试图改变人生的方法就是把智慧用在工作的创新中，力戒认为只有一种工作适合自己的观点。用不同的工作挑战自我，就是最大的创新！

而这些，只有通过创新才能实现。青年人，应该开动大脑，思考自己的未来，才会有所突破。你的职业人生才会多姿多彩，减少烦恼。

邹衡教授在回忆他的大学时代学校提倡创新思考的习惯时说，当他第一次参加学术讨论会，看到老师们针对马克思主义体系的问题各抒己见，甚至针锋相对，争得面红耳赤。对于看惯了千篇一律、上下一致的邹衡来说，这无疑点燃了他脑海中久被禁锢的思想火花。他深深地记得，不止一位老师说过："考试的时候，你们把我讲的内容全部复述出来，最多能得'良'，我要的是你们自己的思想。"这种学术上的包容不仅开拓了他的思维，影响到他的学生时代，而且对他今天的工作思路和方法都是一个启迪、一份宝贵的思想财富。

青年人应该知道思考创新的重要性，它是撞击成功迸发出来的火花，养成思考创新的习惯，对于青年人来说，是成功的导火线。

> **＞名人简介＜**

布莱克(1757年–1827年)，英国诗人、版画家。出生于伦敦一个开设内衣杂货铺的家庭，一生靠刻制版画度日。早年参加过国内的民主斗争。布莱克的诗摆脱了18世纪古典主义教条的束缚，以清新的歌谣体和奔放的无韵体抒写理想和生活，有热情，重想象，开浪漫主义诗歌的先声。他的诗集《天真之歌》反对教会的禁欲观点，肯定生活和人生的欢乐，诗集《经验之歌》揭露英国政府和教会对童工和青少年的摧残。其重要诗作还有《法国革命》、《亚美利加》、《四天神》等。

及时给自己"充电"

> 发明的秘诀在于不断地努力。
>
> ——牛 顿

现代生活变化万千，节奏加快，要求我们一刻也不能放松学习，应及时给自己充电。

一个颇有魄力的老总在公司的经理会上说了这样一段话：

"美国的大公司，在开办新的分公司或增设分厂时，50年代出生的人，往往就任主管职位。如果现在公司任命你担任技术部长、厂长或分公司经理的话，你们会怎样回答？你会以'尽力回报公司对我的重用。作为一个厂长，我会生产优良产品，并好好训练员工'回答我，还是以'我能胜任厂长的职务，请放心地指派我吧'来马上回答呢？

"一直在公司工作，任职10年以上，有了10年以上工作经验的你们，平时不断地锻炼自己，不断地进修了吗？一旦被派往主管职位的时候，有跟外国任何公司一较高下，把工作做好的胆量吗？

"如果谁有把握，那么请举手。"

　　这位老总环顾了一下四周，发现没有人举手，他继续说："各位可能是由于谦虚，所以没有举手。到目前，很多深受公司、同行和社会称赞的主管，都是因为在委以重任时，表现优异。正是由于他们的领导，公司才有现在的发展，他们都是从年轻的时候起，就在自己的工作岗位上不断进修，不断磨炼自己，认真学习工作要领。当他们被委以重任时，能够充分发挥自己的力量，带来良好的效益。"

　　只有时常激励自己，不断努力，保持不断进取的精神，才能够在工作中更上一层楼。不断进步，不断学习，这一点无论何时何地都不能改变。艺术界的知名演员，都是很有天赋的人，但他们仍会分秒必争地为提高自己演技而认真学习。如果报纸上的影评、剧评指责他的缺点，他会一夜不眠地思索自己的缺点。就因为这样，我们才能欣赏到完美的表演。对一个公司员工来说，平时认真地学习和进步也很重要。缺少不断地学习和进步，绝对培养不出自己的信心和实力来担任重大的工作。

　　用知识及时给自己"充电"，是时下流行的新名词，也是成大事的基本要求。

　　在当今时代，你如果不每天学习，那么很快就会被发展的社会所淘汰。因此，无论在何时何地，每一个现代人都不要忘记给自己充电。只有那些随时充实自己、为自己奠定雄厚基础的人，才能在竞争激烈的环境中生存下去。

　　机遇和挑战在生活中永远存在，每个人必须不断前进，超越别人，树立起自己特有的优势，你才能成为生活的强者，你才能获得真正的成功。

　　在 E 时代的今天，我们必须适应时代的发展，通过不断学习，让自己力求掌握立足 E 时代的能力。纵观当今社会，人们都在不断学习 E 时代的知识。高科技充斥着我们的生活，在未来社会没有驾驭网络等方面能力的人只能碌碌无为，成为新时代的文盲。

　　成功的企业家在企业生产管理过程中，大都能够充分发挥科学技术的作用，将科学技术转化为企业的实际生产力，把科学技术视为企业发展的有力保证。全国著名的"养鸡大王"韩伟对此可谓深有体会，他的人生准则之一就是：我 3 天不学习就赶不上时代！

　　谁也想不到作为大连韩伟企业集团董事长的韩伟，仅仅读过 4 年书。后来虽然自学当了乡畜牧助理，但又于 1984 年毅然辞去公职，借债 3000 元，买鸡 500 只，办起了家庭养鸡场。而正是这个仅读过 4 年书的韩伟，于 1992 年创办了韩伟企业集团，主要业务涉及畜牧、海珍品养殖、食品饮料、房地产四大类别，总资产突破亿元。

韩伟在 1984 年办起养鸡场之后，不断发展壮大，到 1992 年他的蛋鸡饲养场有 80 万只蛋鸡，年产 800 万公斤鲜蛋，约占大连市内居民鸡蛋总消费量的 1/4。在鸡场的发展过程中，韩伟意识到要办大规模的养鸡场绝不能依靠传统的家庭式养鸡方法，必须依靠科学技术，但是自己原有的知识结构显然是不能适应这一要求的。

1985 年，正是养鸡场创业的关键时期，百事缠身，他却毅然多次跑到北京、沈阳等大城市的科研机关和大学里求教，虚心地向专家学习，把他们请到自己的鸡场来。为此他还在鸡场附近盖了一幢舒适的小别墅，专门接待专家顾问们。

也许正是因为韩伟接受的正规教育太少，才使他对懂科学技术的专家权威无比敬重。他曾经邀请了北京畜牧界、经济界的专家来鸡场考察，听他们谈鸡场的前景与整个养殖业的前景，他获得了很深的感悟。他还邀请了大连理工大学研究企业管理的教师和研究生来鸡场实地调查和论证，请他们对鸡场进行了全面的考察，最后形成了一份《关于韩伟鸡场的结构模式和总体构想》的报告。可以说，国外的现代管理学尤其是日本的企业管理模式和心理管理学大大拓展了他的视野。

在一次次的求教中，韩伟的知识结构也不断更新，他弄明白了养鸡的各种专业技术，弄清了为什么会发生鸡瘟，什么良药可以治何种鸡瘟，鸡瘟发生后应采取什么措施……正是因为韩伟掌握了养鸡必备的知识，才使鸡场不曾发生过一次瘟疫，也正是因为知识结构的不断更新，才使得他如鱼得水，边学习消化，边付诸实践，并最终走上了亿万富翁之路。

韩伟的成功对当代渴望成功，并正在为此努力进行知识储备的青年人来说，是极有启发和借鉴作用的。

较强的吸纳知识的能力必须包括占有一定知识储量的能力和不断更新的能力。当你一无所知的时候，吸纳知识可采取一定的模仿性接受；而当具备一定基础时，就应当加强对知识的消化吸收，保持对知识的更新，在此基础上独立自主地进行思考和创新。

　　我们考察杰出人物的成功案例时，发现他们无不知识渊博，至少给人的印象是如此。拿破仑是伟大的军事家，而他最大的贡献则是法国民法典；杰斐逊对法律的精通首屈一指。他们又无不具有强大的知识更新能力，始终保持站在知识的前沿舞台。敏感的学者和商界的比尔·盖茨等人当然毋庸多说，政治人物克林顿就是首先直接使用"知识经济"这个概念的人之一。

　　古代著名的教育家孔子常常强调干劲及学习的重要性。但在孔子的众多弟子中，并非每一位都充满干劲，都勤奋好学。例如，宰予虽有一副绝好的口才，却怠于学习。对于宰予，孔子不禁摇头叹道："朽木不可雕也。"但再怎么责骂这种人也难改其性，最终被社会淘汰的肯定是这种不可救药之徒。

　　在学习的过程中，除了干劲以外，还需要有另一种观念，即学习充电的观念。书本知识只是基础，必须再用自己的理解力将其消化吸收才行。社会是一本巨大的书，需要你不断地去翻阅，因此，不充电的人会很快在现代社会中失去能量。

　　现代生活变化节奏加快，要求我们必须抱定这样的信念：活到老，学到老。你也应该记住：最难战胜的劲敌，是那些一步也不放松的人。

　　我们常会听见"那个人是属于大器晚成型的"之类的话，意思是说，他现在虽然并不怎么样，但日后总会成功的。

　　从同样的起点开始工作，有些人能立刻掌握要领而展开工作，虽这种人很少很难得，但他们往往自恃能力强，放弃了充实自己的机会，甚至退步变坏。

　　与此相反，那些起先摸不清情况而且工作不顺畅的人如果多方请教，同时自己也认真用功并继续保持这种态度，大多会获得很大的成果，这样的对比说明，不断学习是决定你能否成就事业的一个关键因素。

　　中国有句古话叫"士别三日，当刮目相看"。前任哈佛大学校长艾略特曾说："如果人能养成每天读10分钟书的习惯，20年之后，他的知识程度，前后将判若两人，只要他所读的都是好的书籍，也就是大众所公认的世界名著，不管是小说、诗歌、历史、传记或其他种类。"

　　成功的人有千千万，但成功的道路却只有一条——学习，勤奋地学习。如果一个人停止了学习，用时下流行的话来说就是停止了"充电"，那么你很快就会"没电"，会被社会所抛弃。养成学习的习惯，你离成功就不远了。

　　在网络信息技术日益升温的今天，你如果不每天学习，不断充电，那么很快就会落伍。因此，无论在何时何地，每一个现代人都不要忘记给自己充电。只有那些随时充实自己，为自己奠定雄厚基础的人才能在激烈竞争的环境中生存下去。

> 名人简介 <

牛顿（1643年—1727年），英国伟大的物理学家、天文学家和数学家，经典力学体系的奠基人。牛顿对人类的贡献是巨大的，正如恩格斯所说的："牛顿由于发现了万有引力定律而创立了科学的天文学；由于进行了光的分解，而创立了科学的光学；由于创立了二项式定理和无限理论而创立了科学的数学；由于认识了力的本质，而创立了科学的力学。"

成功，是对自我价值的肯定

远大的目标是成功的磁石

> 　　走得慢的人，只要他不丧失目标，也比漫无目的地徘徊的人走得快。
>
> 　　　　　　　　　　　　　　——莱辛

　　理想是人的追求，有什么样的理想，将决定你成为什么样的人。

　　被誉为"发明之父"的爱迪生，小时候只上了几个月的学，就被老师辱骂为愚蠢糊涂的低能儿而退学了。爱迪生为此十分伤心，他痛哭流涕地回到家中，要妈妈教他读书，并出语惊人地说："长大了一定要在世界上做一番事业。"这句话出自当时被认为是愚钝儿的爱迪生之口，未免显得荒唐可笑。但是，正是由于爱迪生自小就确立了一个远大志向，惊人的目标使他越过前进道路上的坎坎坷坷，成为举世闻名的发明家。

　　爱迪生具有丰富的想象力。一天，他抬头仰望鸟在天空中自由翱翔，心想，鸟能飞，人为什么不能飞？他紧皱眉头思索着，忽然想到，如果人的身体里充满气体，不也会像气球一样飞上天吗？于是他在家里的地窖里做试验，发现有一种药粉能产生气体，他让小伙伴米吉利喝下去，可是，不多一会儿，米吉利肚子剧痛，大声哭喊，差点送了命。

爱迪生的爸爸知道后，打了他一顿。不许他再搞实验了。爱迪生一听急得要哭，说："我要是不做实验，怎么能研究学问？怎么能做出一番事业来呢？"妈妈听了他的话，感动得只好收回禁令。爱迪生在一生中获得专利水平的发明1390项，成为享誉世界的伟大发明家，实现了他长大了要在世界上做一番事业的宏愿。

美国哈佛大学对一批大学毕业生进行了一次关于人生目标的调查，结果如下：

27%的人，没有目标；60%的人，目标模糊；10%的人，有清晰而短期的目标；3%的人，有清晰而长远的目标。

25年后，哈佛大学再次对这批学生进行了跟踪调查，结果是：

那3%的人，25年间始终朝着一个目标不断努力，几乎都成为社会各界成功人士、行业领袖和社会精英；10%的人，他们的短期目标不断实现，成为各个领域中的专业人士，大都生活在社会中上层；60%的人，他们过着安稳的生活，也有着稳定的工作，却没有什么特别的成绩，几乎都生活在社会的中下层；剩下27%的人，生活没有目标，并且还在抱怨他人，抱怨社会不给他们机会。

要成功就要设定目标，没有目标是不会成功的。目标就是方向，就是成功的彼岸，就是生命的价值和使命。

2001年的亚洲首富孙正义，23岁那一年得了肝病，在医院住院期间，他读了4000本书，每年读了2000本书。他大量地阅读，大量地学习。

在出院之后，他写了40种行业规划，但最后选择了软件业。事实上，他的选择是对的，软件行业使他成了亚洲首富。

选好行业之后，他开始创业。创业初期，条件艰苦，他的办公桌是用苹果箱拼凑而成的。他招聘了两名员工。有一次，他和两名员工一起分享他的梦想，他说："我25年后要赚100兆日币，成为亚洲首富。"这是孙正义的梦想，但在两名员工看来却是件不可思议的事情。他们对孙正义说："老板，请允许我们辞职，因为我们不想和一位疯子一起工作。"

事实上，孙正义的梦想实现了，他成了亚洲首富。

志当存高远，是我国三国时期的著名政治家和军事家诸葛亮的一句名言。诸葛亮在青年时代就具备了远大的志向，在未出茅庐之前就自比管仲、乐毅，就想干一番大事业。远大的志向加上良好的机遇，使他成就了一番伟业。

著名作家高尔基说过："我常常重复这一句话：一个人追求的目标越高，他的能力就发展得越快，对社会就越有益。我确信这是个真理。这个真理是我的全部生活经验，是我观察、阅读、比较和深思熟虑了一切之后才确定下来的。"高尔基用自己的一生验证了自己的这段名言。

做高尚的梦，并且飞向你的梦想。你的梦想预示着未来你会成为什么样。你的理想是未来的预兆。只要你对自己诚实，对自己的理想诚实，最终你梦想的世界就会变成现实。

你的环境也许并不舒适，但只要你怀有理想，并为实现它而奋斗，那么，你的环境会很快改变。詹姆斯·E.艾伦说过，最伟大的成就在最初的时候曾经是一个梦。橡树沉睡在果壳里，小鸟在蛋里等待，在一个灵魂最美丽的梦想里，一个慢慢苏醒的天使开始行动。梦想，是现实的情侣。

梦想是所有成就的出发点，很多人之所以失败，就在于他们从来都没有梦想，并且也从来没有踏出他们的第一步。

钢铁大王卡内基原本是一家钢铁厂的工人，但他凭着制造及销售比其他同行更高品质的钢铁的明确目标，而成为全美最富有的人之一，并且有能力在全美国小城镇中捐资盖图书馆。

他的梦想已不只是一个愿望而已，已形成了一股强烈的欲望。只有发掘出你的强烈欲望才能使你获得成功。

研究这些已获得成功的富豪时，你会发现，他们每一个人都有自己的梦想，都已定出达到梦想的计划，并且花费最大的心思和付出最大的努力来实现他们的梦想。

我们每个人都希望得到更好的东西——如金钱、名誉、尊重，但是大多数的人都仅把这些希望当作一种愿望而已，如果知道希望得到的是什么，如果对实现自己的梦想的坚定性已到了执着的程度，而且能以不断的努力和稳妥的计划来支持这份执着的话，那你就已经是在实践梦想了。所以说，认识愿望和强烈欲望之间的差异是极为重要的。

谚语云：如果你只想种植几天，就种花；如果你只想种植几年，就种树；如果你想流传千秋万世，就种植观念！

对于你来说，你的过去或现在是什么样并不重要，你将来想要获得什么成就才是最重要的。你必须对你的未来怀有远大的理想，否则你就不会做成什么大事，说不定还会一事无成。

理想是同人生奋斗目标相联系的有实现可能的想象，是人的力量的源泉，是人的精神支柱。如果没有理想，岁月的流逝只意味着年龄的增长。

有了远大的理想，还要有看得清、瞄得着的射击靶。目标必须是明晰的、具体的、现实的、可以操作的，当然，这是为理想服务的短期目标。只有实现一个个短期目标，才能筑起成功的大厦。

1952年7月4日清晨，加利福尼亚海岸笼罩在浓雾中。在海岸以西21英里的卡塔林纳岛上，一个34岁的女子涉水下到太平洋中，开始向加州海岸游过去。这名妇女叫费罗伦丝·查德威克。在此之前，她还是从英法两边海岸游过英吉利海峡的第一个妇女。

那天早晨，海水冻得她身体发麻，雾很大，她连护送她的船都几乎看不到，时间一个钟头一个钟头过去，千千万万人在电视上看着。有几次鲨鱼靠近了她，鱼被人开枪吓跑。她仍然在游，在以往这类渡海游泳中她的最大问题不是疲劳，而是水温太低。

15个钟头之后，她又累又冻。她知道自己不能再游了，就叫人拉她上船。她的母亲和教练都在船上，他们都告诉她海岸很近了，叫她不要放弃。但她朝加州海岸望去，除了浓雾什么也看不到。

之后——从她出发算起15个钟头55分钟，人们把她拉上船。后来，她渐渐觉得暖和多了，这时她开始感到失败的打击。她不假思索地对记者说："说实在的，我不是为自己找借口，如果当时我看见陆地，也许我能坚持下来。"

查德威克是个有抱负的人，但她也只有看见目标，才能鼓足干劲完成她有能力完成的任务。可见，当你规划自己的成功时千万别低估了制定可测目标的重要性。

一位美国的心理学家发现，在为老年人开办的疗养院里，有一种现象非常有趣：每当节假日或一些特殊的日子，像结婚周年纪念日、生日等来临的时候，死亡率就会降低。他们中有许多人为自己立下一个目标：要再多过一个圣诞节、一个纪念日、一个国庆日等等。等这些日子一过，心中的目标、愿望已经实现，继续活下去的意志就变得微弱了，死亡率便立刻升高。生命是可贵的，并且只有在它还有一些价值的时候去做应该做的事，去实现自己的目标，人生才会有意义。

一队毛虫在树上排成长长的队伍前进，有一条带头，其余的依次跟着，食物就在枝头，一旦带头人找到目标，停了下来，他们就开始享受美味。有人对此非常感兴趣，于是做了一个试验，将这一组毛虫放在一个大花盆的边上，使它们首尾相接，排成一个圆形，带头的那条毛虫也排在队伍中。那些毛虫开始移动，它们像一个长长的游行队伍，没有头，也没有尾。观察者在毛虫队伍旁边摆放了一些它们喜爱吃的食物。观察者预料，毛虫会很快厌倦这种毫无用处的爬行而转向食物。可是出于预料之外，毛虫没有这样做。那只带头的毛虫一直跟着前面的毛虫的尾部，它失去了目标。整队毛虫沿着花盆边以同样的速度爬了七天七夜，一直到饿死为止。

要攀到人生山峰的更高点，当然必须要有实际行动，但是首要的是找到自己的方向和目的地。如果没有明确的目标，更高处只是空中楼阁，望不见更不可及。如果我们想要使生活有突破，到达很新且很有价值的目的地，首先一定要确定这些目的地是什么。只有设定了目的地，人生之旅才会有方向、有进步、有终点、有满足。

明白了你的命运来自于你的奋斗目标，就会给自己一个希望，就在你的内心祈祷，你对自己说：我一定要做个伟大的人。只要你这样想这样做，你就一定会像你所想象的那样，成为一个伟大的人。

让我们为自己找一个梦想，树立一个目标吧，因为人生因梦想而伟大！

> 名 人 简 介 <

　　莱辛(1729 年 –1781 年)，德国戏剧家、戏剧理论家。生于劳西茨地区的卡门茨，父亲是牧师。作为剧作家，莱辛的成名作是描写市民阶级爱情的悲剧《萨拉·萨姆逊小姐》。它在德国戏剧史上第一次让市民阶级男女成为悲剧的主角。作为文艺理论家，莱辛撰写了 3 部代表性著作：《关于当代文学的通讯》、《拉奥孔》和《汉堡剧评》。

用行动去实现梦想

> 成功的秘诀，是要养成迅速去做的习惯，要趁着潮水涨得最高的一刹那，那时非但没有阻力，并且能帮助你迅速地成功。
>
> ——劳伦斯

行动是一把梯子，梦想在梯子的顶端，双手插在口袋里的人是爬不上去的。

有两个小孩到海边去玩，玩累了，两人就躺在沙滩上睡着了。

其中一个小孩做了个梦，梦见对面岛上住了个大富翁，在富翁的花圃里有一整片的茶花，在一株白茶花的根下埋着一坛黄金。

这个小孩就把梦告诉了另一个小孩。说完后，不禁叹息着：

"真可惜，这只是个梦！"

另一个小孩听了相当动容，从此在心中埋下了逐梦的种子。

他对那个做梦的小孩说："你可以把这个梦卖给我吗？"

这个小孩买了梦以后，就往那座岛进发，千辛万苦才到达岛上。果然发现岛上住着一位富翁，于是就自告奋勇地做了富翁的佣人。

他发现，花园里真的有许多茶树，茶花一年一年地开，他也一年一年地把种茶花的土一遍一遍地翻掘。

就这样，茶树愈长愈好，富翁也就对他愈来愈好。

终于有一天，他由白茶花的根底挖下去，真的掘出了一坛黄金！

买梦的人回到了家乡，成了最富有的人；卖梦的人虽然不停地在做梦，但他从未圆过梦，终究还是个穷光蛋。

人因梦想而伟大，没有梦想的人生是最枯燥乏味的人生。而那些只会做梦却不去实践的人，就像那个卖梦的孩子一样，无论多么美丽的梦想都不会带来什么结果。一个人什么都可以没有，但不能没有梦想；一个人什么都可以丢弃，但不能把梦想丢了。有了梦想，立即行动，用行动来实现我们的梦想。

一张地图，无论它绘制得多么详细，比例尺有多么精密，但它不能带给他的主人在地面上移动哪怕一寸。一部法典，无论它多么的公正，但它绝不能预防罪恶的发生。一本教你如何做事的经典，无论它写得如何精彩，但它绝对不会给你赚回一分钱。

只有行动，才是你做事的起点，才能使你的梦想、你的计划、你的目标，成为一股活动的力量。行动，才是滋润你做事的食物和水。

我们无论做什么事，只要积极主动地去行动，没有达不到的目的。

从前，有一位满脑子都是智慧的教授与一位文盲相邻而居。尽管两人地位悬殊，知识水平、性格有天壤之别，可两人有一个共同的目标 尽快富裕起来。

每天，教授跷着二郎腿大谈特谈他的致富经，文盲在旁虔诚地听着，他非常羡佩教授的学识与智慧，并且开始依着教授的致富设想去行动。

若干年后，文盲成了一位百万富翁，而教授还在空谈他的致富理论。

希尔指出：思想固然重要，但行动往往更重要。我们的基本本性是主动行动而不是消极等待。这一本性不仅能使我们选择对某种特定环境的反应，而且能使我们创造环境。

实际上，相对来说制定目标是很容易的，难的是付诸行动。制定目标可以坐下来用脑子去想，实现目标却需要扎扎实实的行动，只有行动才能化目标为现实。

许多人都制定了自己的长期目标，从这一点来说每一个人似乎都像一个谋略家。

但是，相当多的人制定了目标之后，便把目标束之高阁，没有投入到实际行动中去，结果到头来仍然是一事无成。

目标已经制定好了，就不能有一丝一毫的犹豫，而要坚决地投入行动。观望、徘徊或者畏缩都会使你延误时间，以致使计划化为泡影。

如果你个人成长的目标是一年之内学好爵士舞的话，那么就"先让手指头动起来"，你不妨今天就去翻一翻电话簿找个训练班，注册入学，安排学习的时间。

如果你的兴趣目标是一年之内买辆奔驰汽车的话，那么就请代理商寄一份有关奔驰汽车的各种资料给你，或者当你了解了价钱和性能之后，会更加强你要买的决心。

如果你的事业经济目标是在一年之内赚到 10 万元的话，那么现在就立刻拟出必须采取的步骤。到底有哪个已经赚到这么多钱的人可以提供给你建议？你是否得考虑另谋第二份工作来增加收入？你是否应该减少开支，把节省下来的钱拿去投资？你是否应该去创个新事业？你是否需要去寻找一些其他的资源？

有人问布莱克，你成为一位伟大的思想家，成功的关键是什么？

多思多想！布莱克回答。

这人满怀心得，回去躺在床上，望着天花板，一动也不动，开始多思多想。

一个月以后，布莱克在回家的路上，碰见了那人的妻子，她对布莱克说，求你去见我丈夫一面吧，他从你那儿回来后，就像中了魔一样。

布莱克到了那人的家一看，只见那人变得骨瘦如柴，拼命挣扎着爬起来，对布莱克说："我每天除了吃饭，一直在思考，你看我离伟大的思想家还有多远？"

"你整天只想不做，那你思考了些什么呢？"布莱克问。

那人道："想的东西太多，头脑里都装不下了。"

"我看你除了脑袋上长满头发，收获的全是垃圾。"

"垃圾？"

"只想不做的人只能生产思想垃圾。"布莱克答道。

比尔·盖茨曾指出，虽然行动不一定能带来令人满意的结果，但不采取行动就绝无满意的结果可言。

因此，如果你有一个梦想，要实现它必须先从行动开始。

如果你不采取行动，哪怕你的梦想再宏伟，计划再周详，也只不过是纸上谈兵，竹篮打水一场空罢了。

每天不知会有多少人把自己辛苦得来的新构想取消，因为他们不敢执行。过了一段时间以后，这些构想又会回来折磨他们。

记住：切实执行你的梦想，以便发挥它的价值，不管梦想有多好，除非真正身体力行，否则，永远没有收获。

天下最可悲的一句话就是：我当时真应该那么做，但我却没有那么做。经常会听到有人说："如果我当年就开始做那笔生意，早就发财了！"一个好梦想胎死腹中，真的会叫人叹息不已，永远不能忘怀。如果真的彻底施行，当然就有可能带来无限的满足。

只有行动才会产生结果，比尔·盖茨认为要想成功就要知道成功的人都采取什么样的行动。有很多人这么说："成功开始于想法。"但是，只有想法，却没有付出行动，还是不可能成功的。

一个业务员要成功，必须拜访非常多的客户，如果他不知道最顶尖的业务员一天拜访多少个客户，那么他根本就没有成功的机会；如果他无法付出顶尖业务员所做的行动，他就无法提高成绩。

成功的销售员总是在找寻如何自我改进的方法以及顾客不买的原因，他们永远在不断地改善自己的行为、态度、举止和自己的人格；他们总是希望知道人们为什么向他买、为什么不向他买的原因，他们还总是希望更有活力，产生更大的行动力。

失败者总是考虑他的那些"假若、如何"，所以他们在"如何"和"假若"中度过了他们的一生，最终当然是一事无成。

总是谈论自己可能办成什么事情的人，不是进取者，也不是成功者，而只是空谈家。实干家是这么说的："假如说我的成功是在一夜之间来临的，那么，这一夜乃是无比漫长的历程。"

不要期待时来运转，也不要由于等不到机会而恼火和觉得委屈，要从小事做起，要用行动争取胜利。

从现在起，不要再说自己"倒霉"了。对于成功者来说，勤奋工作就是好运气的同义词。只要专心致志去做好你现在所做的工作，坚持下去直到把事情做完，好运自然会来到。怨天尤人不会改变你的命运，只会耽误你的光阴，使你没有时间去取得成功。如果你想要"赶上好时间、好地方"，就去找一项能够让你拼上一拼的工作，然后努力去干。幸运绝不是偶然的，只要勤奋工作，即刻行动，相信幸运之神肯定会光临你。

不仅要行动起来，还要对我们的行动抱有信心，相信行动起来一定能成功。

如果你对自己有信心，相信自己一定可以成为自己想要做的人，那么就付诸行动吧。

一个人要做一件事，常常缺乏开始做的勇气。但是，如果你鼓足勇气开始做了，就会发现做一件事最大的障碍，往往来自自己的内心，更主要是缺乏行动的勇气，有了勇气下决心开了头，似乎再往下做就会是顺理成章的事情了。

有了第一步，就会有第二步、第三步……这样不断地做下去，你就会发现离目标越来越近，你的目标正在渐渐地化为现实。

朝着你确定的目标持之以恒、锲而不舍地做下去，这便是实现任何目标的唯一的办法，除此之外再没有第二条路可走。

＞名 人 简 介＜

　　劳伦斯(1885年－1930年)，英国诗人、小说家、散文家。出生于矿工家庭，当过屠户会计、厂商雇员和小学教师，曾在国内外漂泊十多年，对现实抱批判否定态度。他写过诗，但主要写长篇小说，共有10部，最著名的为《虹》。除《虹》的结尾勾画出彩虹般的新世界远景外，劳伦斯因看不到变革社会的正确途径，不了解资本主义的工业发展有助于形成新社会的物质基础，其作品大都显得色调暗淡。

定位改变人生

你认为自己是什么样的人，就将成为什么样的人。

——契诃夫

切合实际的定位可以改变我们的人生。

一个乞丐站在一条繁华的大街上卖钥匙链，一名商人路过，向乞丐面前的杯子里投入几枚硬币，匆匆而去。

过了一会儿后，商人回来取钥匙链，对乞丐说："对不起，我忘了拿钥匙链，因为你我毕竟都是商人。"

一晃几年过去了，这位商人参加一次高级酒会，遇见了一位衣冠楚楚的老板向他敬酒致谢，并告知说："我就是当初卖钥匙链的那位乞丐。"并且告诉商人，生活的改变，得益于商人的那句话。

在商人把乞丐看成商人那一天起，乞丐猛然意识到，自己不只是一个乞丐，更重要的是，还是一个商人。于是，他的生活目标发生很大转变，他开始倒卖一些在市场上受欢迎的小商品，在积累了一些资金后，他买下一家杂货店，由于他善于经营，现在已经是一家超级市场的老板，并且开始考虑开第13家分店。

这个故事告诉我们：你定位于乞丐，你就是乞丐；你定位于商人，你就是商人，不同的定位成就不同的人生。

一个人能否成功，在某种程度上取决于自己对自己的评价，这种评价有一个通俗的名词——定位。在心中你给自己定位是什么，你就是什么，因为定位能决定人生，定位能改变一个人的命运。

一件商品、一项服务、一家公司，甚至是一个人，都需要定位。

人生重要的是找到自己的位置，并做好所有这个位置要做的事情。坐在自己的位置上，最心安理得，也最长久。

在暴风雨过后的一个早晨，海边沙滩的浅水洼里留下许多被昨夜的暴风雨卷上岸来的小鱼。它们被困在浅水里，虽然近在咫尺，却回不了大海。被困的小鱼有几百条，甚至几千条。用不了多久，浅水洼里的水就会被沙粒吸干，被太阳蒸干，这些小鱼都会被干死。

海边有三个孩子。第一个孩子对那些小鱼视而不见。他在心里想，这水洼里有成百上千条的鱼，以我一人之力是根本救不过来的，我何必白费力气呢？

第二个孩子在第一个水洼边弯下腰去——他拾起水洼里的小鱼，并且用力把它们扔回大海。第一个孩子讥笑第二个孩子："这水洼里这么多鱼，你能救得了几条呢？还是省点力气吧。"

"不，我要尽我所能去做！"第二个孩子头也不抬地回答。

"你这样做是徒劳无功的，有谁会在乎呢？"

"这条小鱼在乎！"第二个孩子一边回答，一边拾起一条小鱼扔进大海。"这条在乎，这条也在乎！还有这一条、这一条、这一条……"

第三个孩子心里在嘲笑前面两个家伙没有脑子，天上掉馅饼，多好的发财机会呀，干吗不紧紧抓住呢？于是，第三个孩子埋头把小鱼装进用自己的衣服做成的布袋里……

多年后，第一个孩子做了医生。他当班的时候，因为嫌病人家属带的钱太少而拒收一位生命垂危的伤者，致使伤者因没有得到及时的治疗而死去！迫于舆论压力，医院开除了见死不救的他。他心里觉得委屈，他想到了多年前海滩上的那一幕，他始终不认为自己错了。"那么多的小鱼，我救得过来吗？"他说。

第二个孩子也做了医生。他医术高明，医德高尚，对待患者不论有钱无钱，都精心施治。他成了当地群众交口称赞的名医。他的脑子里也经常浮现出多年前海滩上的那一幕。"我救不了所有的人，但我还是可以尽我所能救一些人的，我完全可以减轻他们的痛苦。"他常常对自己说。

第三个孩子开始经商，他很快就发了横财。暴发后，他又用金钱开道，杀入官场，并且一路青云直上，最后，他因贪污受贿事发，被判处死刑。刑场上，他的脑子里浮现出多年前海滩上的那一幕：一条条小鱼在布袋里挣扎，一双双绝望的眼睛死死地瞪着他……

要找到自己的定位，必须首先了解自己的性格、脾气，了解了自己才能对自己有一个合适的定位。

七十二行，行行出状元，每个人都可以在社会中寻找到适合自己的行业，并且把它做好。但并不是每个行业你都能做得最好。你需要寻找一个你最热爱、最擅长，能够做得最好的行业。

职业生涯定位就是自己这一辈子到底要成为一个什么样的人，自己的生命目的是什么，自己的核心价值观是什么。什么工作才是自己最好的工作，什么工作自己才能做得最好。

一个人的职业定位清晰，可以坚定自己的信念，可以明确自己的前进方向，可以发挥自己的最大潜能，可以实现自己的最大价值。毕竟，人生有限，我们没有太多的时间浪费在左右飘摇当中。

有一次，一个青年苦恼地对昆虫学家法布尔说："我不知疲劳地把自己的全部精力都花在我爱好的事业上，结果却收效甚微。"

法布尔赞许说："看来你是位献身科学的有志青年。"

这位青年说："是啊！我爱科学，可我也爱文学，对音乐和美术我也感兴趣。我把时间全都用上了。"

法布尔从口袋里掏出一块放大镜说："先找到自己的定位，弄清自己到底喜欢什么，然后把你的精力集中到一个焦点上试试，就像这块凸透镜一样！"

马克思认为，研究学问，必须先找好自己的定位，然后在某处突破一点。歌德曾这样劝告他的学生："一个人不能骑两匹马，骑上这匹，就要丢掉那匹，聪明人会把凡是分散精力的事情置之度外，只专心致志地去学一门，这一门一定是最适合他的，并且学一门就要把它学好。"

　　凡大学者、科学家，无一不是先找准自己的定位，然后"聚焦"成功的。就拿法布尔来说，他为了观察昆虫的习性，常达到废寝忘食的地步。有一天，他大清早就俯在一块石头旁。几个村妇早晨去摘葡萄时看见法布尔，到黄昏收工时，她们仍然看到他伏在那儿，她们实在不明白："他花一天工夫，怎么就只看着一块石头，简直中了邪！"其实，为了观察昆虫的习性，法布尔不知花去了多少个这样的日日夜夜。

　　找到自己感兴趣的东西，找准自己的定位，是一个人成功的前提。

　　有一天，一位禅师为了启发他的门徒，给他的徒弟一块石头，叫他去蔬菜市场，并且试着卖掉它。这块石头很大，很好看。但师父说："不要卖掉它，只是试着卖掉它。注意观察，多问一些人，然后只要告诉我在蔬菜市场它卖多少钱。"这个人去了。在菜市场，许多人看着石头想：它可以做很好的小摆件，我们的孩子可以玩，或者我们可以把这当作称菜用的秤砣。于是他们出了价，但只不过几个小硬币。徒弟回来说："它最多只能卖到几个硬币。"

　　师父说："现在你去黄金市场，问问那儿的人。但是不要卖掉它，光问问价。"从黄金市场回来，这个门徒很高兴，说："这些人太棒了。他们乐意出到 1000 块钱。"师父说："现在你去珠宝商那儿，但不要卖掉它。"他去了珠宝商那儿。他简直不敢相信，他们竟然乐意出 5 万块钱，他不愿意卖，他们继续抬高价格——出到 10 万。但是徒弟说："我不打算卖掉它。"他们说："我们出 20 万、30 万，或者你要多少就多少，只要你卖！"这个人说："我不能卖，我只是问问价。"他不能相信："这些人疯了！"他自己觉得蔬菜市场的价已经足够了。

　　他回来。师父拿回石头说："我们不打算卖了它，不过现在你明白了，如果你是生活在蔬菜市场，把自己定位在那里，那么你只有那个市场的理解力，你就永远不会认识更高的价值。"

　　人必须对自己有一个定位，无论是生活、学习、工作，只要有了一个正确的定位，就好像有了基础一样，定位越准，我们成功的可能性就越大。拉马克 1744 年 8 月 1 日生于法国毕加底，他是兄弟姊妹 11 人中最小的一个，最受父母宠爱。拉马克的父亲希望他长大后当个牧师，就送他到神学院读书，后来由于德法战争爆发，拉马克当了兵。他因病退伍后，爱上了气象学，想自学当个气象学家，整天仰首望着多变的天空。

后来，拉马克在银行里找到了工作，想当个金融家。很快地，拉马克又爱上了音乐，整天拉小提琴，想成为一个音乐家。这时，他的一位哥哥劝他当医生，拉马克学医4年，可是对医学没有多大兴趣。正在这时，24岁的拉马克在植物园散步时遇上了法国著名的思想家、哲学家、文学家卢梭，卢梭很喜欢拉马克，常带他到自己的研究室里去。在那里，这位"南思北想"的青年深深地被科学迷住了。从此，拉马克花了整整11年的时间，系统地研究了植物学，写出了名著《法国植物志》。35岁时，他当上了法国植物标本馆的管理员，之后的15年，他依然研究植物学。

当拉马克50岁的时候，开始研究动物学。此后，他为动物学花了35年时间。也就是说，拉马克从24岁起，用26年时间研究植物学，35年时间研究动物学，成了一位著名的生物学家。他最早提出了生物进化论。

在给自己定位时，有一条原则不能变，即你无论做什么，都要选择你最擅长的。只有找准自己最擅长的，才能最大限度地发挥自己的潜能，调动自己身上一切可以调动的积极因素，并把自己的优势发挥得淋漓尽致，从而获得成功。

一个人只要找好自己的定位，然后为自己设定一个目标，用行动去实现自己的梦想，相信你以后也一定会和拉马克一样，成绩辉煌！

＞名人简介＜

契诃夫(1860年－1904年)，19世纪末俄国伟大的批判现实主义作家，情趣隽永、文笔犀利的幽默讽刺大师，短篇小说的巨匠，著名剧作家。出生于小市民家庭，父亲的杂货铺破产后，他靠当家庭教师读完中学，1879年入莫斯科大学学医，1884年毕业后从医并开始文学创作。契诃夫在世界文学中占有十分重要的位置，被称为"短篇小说之王"，与莫泊桑齐名。其代表作有《变色龙》、《套中人》等。

没试过不要说不行

> 历史上所有伟大的成就，都是由于战胜了看来是不可能的事情而取得的。
>
> ——卓别林

绝不放弃万分之一的可能，相信你终有一天会成功；轻易放弃一分希望，得到的将是失败。

迈克·兰顿生长在不正常的家庭里，父亲是个犹太人（十分排斥天主教徒），而母亲却偏偏是个天主教徒（却又十分排斥犹太人）。在他小的时候，母亲经常闹着要自杀，当火气来时便抓起挂衣架追着他毒打。因为生活在这样的环境里，他自幼就有些畏怯而身体瘦弱。

迈克读高中一年级时的一天，体育老师带着他们班的学生到操场教他们如何掷标枪，而这一次的经验从此改变了他后来的人生。在此之前，不管他做什么事都是畏畏缩缩的，对自己一点自信都没有，可是那天奇迹出现了，他奋力一掷，只见标枪越过了其他同学的成绩，多出了足足有 30 英尺。就在那一刻，迈克知道了自己的未来大有可为。在日后面对《生活》杂志的采访时，他回想道："就在那一天我才突然意识到，原来我也有能比其他人做得更好的地方，当时便请求体育老师借给我这支标枪，在那年整个夏天里，我就在运动场上掷个不停。"

迈克发现了使他振奋的未来，而他也全力以赴，结果有了惊人的成绩。

那年暑假结束返校后，他的体格已有了很大的改变，而在随后的一整年中他特别加强重量训练，使自己的体能提升。在高三时的一次比赛中，他掷出了全美国中学生最好的标枪纪录，因而也使他赢得了体育奖学金。

有一次，他因锻炼过度而严重受伤，经检查证实，必须永久退出田径场，这使他因此失去了体育奖学金。为了生计，他不得不到一家工厂去担任卸货工人。

不知道是不是幸运之神的眷恋，有一天他的故事被好莱坞的星探发现，问他是否愿意在即将拍摄的一部电影《红运当头》中担任配角。当时这部影片是美国电影史上所拍的第一部彩色西部片，迈克应允加入演出后从此就没有回头，先是演员，然后演而优则导，最后成为制片人，他的人生事业就此一路展开。一个美梦的破灭往往是另一个未来的开始，迈克原先有在田径场上发展的目标，而这个目标引导他锻炼强健的体格，后来的打击却又磨炼了他的性格，这两种训练未料却成了他另外一个事业所需的特长，使他有了更耀眼的人生。

没试过，就不要轻易否定自己，没试过，千万不要说自己不行。做什么事情，都要有尝试的勇气，都要勇于创造。迈克如果没投第一枪，在投了第一枪后如果没有勤奋地去努力，他是不会成功的。不轻易放弃哪怕一丁点的希望，去尝试，去发现自己的长处，相信人会越来越出色，因为这是一种精神，一种人生态度。

这是一个崇尚开拓创新的时代，人人都渴望能证实自我。正因为如此，我们更应该勇敢地去尝试。哪怕最后失败了也并不可怕，由于恐惧失败而畏缩不前才真正可怕。

要战胜自己，改变目前的状态，就不要放弃尝试各种的可能。

以精益求精的态度，不放弃尝试种种的可能，终会有成果。

有个年轻人去微软公司应聘，而该公司并没有刊登过招聘广告。见总经理疑惑不解，年轻人用不太娴熟的英语解释说自己是碰巧路过这里，就贸然进来了。

总经理感觉很新鲜，破例让他一试。面试的结果出人意料。年轻人表现糟糕。他对总经理的解释是事先没有准备，总经理以为他不过是找个托词下台阶，就随口应道："等你准备好了再来试吧"。

一周后，年轻人再次走进微软公司的大门，这次他依然没有成功。

但比起第一次，他的表现要好得多。而总经理给他的回答仍然同上次一样："等你准备好了再来试。"就这样，这个青年先后5次踏进微软公司的大门，最终被公司录用，成为公司的重点培养对象。

也许，我们的人生旅途上沼泽遍布，荆棘丛生；也许，我们追求的风景总是山重水复，不见柳暗花明；也许，我们前行的步履总是沉重、蹒跚；也许，我们需要在黑暗中摸索很长时间，才能找寻到光明；也许，我们虔诚的信念会被世俗的尘雾缠绕，而不能自由翱翔；也许，我们高贵的灵魂暂时在现实中找不到寄放的净土……那么，我们为什么不可以以勇敢者的气魄，坚定而自信地对自己说一声"再试一次"，永不放弃万分之一的可能性。

一位90岁的老太太被问到会不会弹钢琴。她回答说："我不知道。"对方茫然："我不懂你的意思，为什么你不知道？"老太太微笑着说："因为我没试过。"是的，没有试过就不能说不会。我们有许多天赋未曾发挥，因为我们不肯尝试。

很多人都听过美国民谣歌王卡罗·金的歌，为他的温柔动人的嗓音倾倒。但是有许多人不知道，卡罗·金原本是个钢琴手。有一天晚上，他在西岸俱乐部演出，主唱者在最后一分钟称病告假。俱乐部老板生气地大嚷："没有演唱者，今天就不算工资。"从那晚开始，卡罗·金摇身一变成为歌手。

下一次别人问你会不会某项事情时，别急着说："不会。"再仔细想想，或许你该试试看，也许你的某项天分就会被发掘出来。

再试一试，哪怕你已经经历了很多次失败，有什么要紧？再试一试，大不了以后的结果和现在一样，自己同样毫无损失。所以，在关键时候，要告诉自己，再试一试。

"肯德基"创始人，美军退役上校桑德斯的创业史与史泰龙相映成趣。桑德斯从军队退役时，妻子携幼女离他而去。家里只有他一个人，生活感到十分寂寞。他总想做点事情。但戎马生涯大半生，除了操枪弄炮，实在没有什么过人之处。

年过花甲的他想到了自己曾经试验出的炸鸡秘方，想到马上做到，于是他便找了几家餐馆要求合作，但都遭到了拒绝。于是，他开着自己那辆破旧的"老爷车"，从美国的东海岸到西海岸，历时两年多时间，推开过1008家餐馆的大门，都没有成功。军人试着推开了第 1009 家餐馆的大门，这家老板被他的精神打动，买下了炸鸡的秘方。桑德斯以秘方作为投资，得到了这家餐馆的股份，由于经营得法，从此，"肯德基"遍布美国，传遍世界。

有这种精神的不止桑德斯一个，苏格兰国王布鲁斯也是一位有勇气尝试的人。

有一次，苏格兰国王布鲁斯与英格兰军队打仗。他战败而回，只得躲在一所不易被发现的古老茅屋里藏身。

当他正带着失望与悲哀躺在柴草床上的时候，他见一只蜘蛛正在结网，为了给自己取乐，并看蜘蛛如何对待失败和挫折，国王毁坏了它将要完成的网。对此蜘蛛并不在意，立刻继续工作，然后再结一个新网。苏格兰国王又把它的网破坏，蜘蛛又开始结另一个网。

国王开始惊奇了。他自语道："我已被英格兰的军队打败了 6 次，我是准备放弃战争了。假使我把蜘蛛的网破坏 6 次，它是否会放弃它的结网工作呢？"

他果真 6 次毁坏了蜘蛛结成的网，然而，蜘蛛对这些灾难毫不介意，开始结第 7 个新网。这一次，布鲁斯不再破坏蜘蛛网，蜘蛛终于成功了。国王被这个例子深深触动了，他决意再进行一次奋斗，从英格兰人的手里解放他的国家。他重新召集了一支新的军队，很谨慎而耐心地做着准备，终于打了一次重要的胜仗，把英格兰人赶出了苏格兰国土。

是的，绝不放过下一次尝试的机会，没有尝试，就永远不会有进步。相信自己一定能够搬动大山。鲍勃·莫瓦德告诉我们：你无法坐在原地，却想在岁月的沙滩上留下你的足印，而谁又愿在岁月的沙滩上只留下自己臀部的痕迹？

＞名人简介＜

卓别林(1889 年 —1977 年)，世界著名的幽默大师，一生为电影艺术做出了巨大贡献。卓别林一生主演过八十多部影片，代表作品有《安乐狗》、《狗的生涯》、《寻子遇仙记》、《淘金记》、《城市之光》、《摩登时代》、《大独裁者》等。

不为自己设限

> 我应该比较而且应该超过的不是别人，正是我自己。
>
> ——帕瓦罗蒂

只有那些不断超越自己的人，才能不断取得伟大的成功。

著名心理学家和心理治疗医生艾琳·C．卡瑟拉在其《全力以赴——让进取战胜迷茫》一书中讲了这样一个病例：在奥斯卡金像奖发奖仪式次日的凌晨三时，她被奥斯卡奖获得者克劳斯从沉睡中唤醒，克劳斯进门后举着一尊奥斯卡奖的金像哭着说："我知道再也得不到这种成绩了。大家都发现我是不配得这个奖的，很快都会知道我是个冒牌的。"克劳斯认为他所获得的成功"是由于碰巧赶上了好时间、好地方，有真正的能人在后边起了作用"的结果。他不相信自己获得奥斯卡奖是多年锻炼和勤奋工作的结果。尽管他的同事通过评选公认他在专业方面是最佳的，但他却不相信自己有多么出色和创新的地方。

卡瑟拉在治疗病人中还发现，有位国际知名的芭蕾女明星每过一段时间，她就要在有演出的那天发一顿脾气，把脚上的芭蕾鞋一甩，饭也不吃，从250

双跳舞鞋中她找不到一双合脚的；还有一位知名的歌剧演员，有时候一准备登台就觉得嗓子发堵；有一位著名运动员，他的后脊梁过一段时间就痛起来，影响他发挥竞技能力。卡瑟拉认为，这些严重影响成功的症状是由于经不住成功而引起的。

成功不但会引起以上心理障碍，成功有时还会给人带来自满自大的消极后果。有人对 43 位诺贝尔奖获得者作了跟踪调查，发现这些人获奖前平均每年发表的论文数为 5 至 9 篇，获奖后则下降为 4 篇。有的政治家取得一系列成功后，因过分自信而造成重大失误；有的作家写出一两篇佳作后，再无新作问世，原因固然很多，但不能正确对待成功，不能不说是一个重要原因。

这些都是成功人士无法超越自己的案例。因为无法超越自己，为自己设了太多的限制，他们害怕失去目前拥有的，他们认为无法超越已取得的成就。因为你不相信自己的能力，在前进途中为自己设了限制，他们只会止步不前。

我们平常人呢？如果不能不断超越自我，会怎样呢？

对于现代人来说，知识面越广越好，得到的信息越多越好。如果不时时超越已取得的成就，就很容易变成鼠目寸光的人。鼠目寸光不但不利于自己事业的发展，而且很难在竞争激烈的现代社会立足，最终只能为大时代所抛弃。

有些老医生，自从出了医科学校之后，诊病下药无不用些老法子，于是渐渐步入没落之途了。他们明明应该把门面重新漆一漆了，明明应该去使用新发明的医疗器械及最近出现的著名药品了，但他们都不做改变。他们从不肯稍微划出些时间来看些新出版的刊物，更不肯稍费些心机去研究实验种种最新的临床疗法。他所施用的诊疗法，都是些显效迟缓、陈腐不堪的老套，他所开出来的药方，都是不易见效的、人家用得不愿再用了的老药品。他们一点也没留意到，医院早已来了一位青年医生，已有了最新的完善设备，所用的器械无不是最新的一种；开出来的药方，都写着最新发明的药品；所读的都是些最新出版的医学书报。同时他的诊所的陈设也是新颖完美，病人走进去看了都很满意。于是老医生的病人，渐渐都跑到这位青年医生那里去了。等他发觉了这个情形，已经悔之不及了。

科学家曾做过一个有趣的实验：

他们把跳蚤放在桌上，一拍桌子，跳蚤迅即跳起，跳起高度均在其身高的100 倍以上，堪称世界上跳得最高的动物。然后在跳蚤头上罩一个玻璃罩，再让它跳，这一次跳蚤碰到了玻璃罩。连续多次后，跳蚤改变了起跳高度以适应环境，每次跳跃总保持在罩顶以下高度。接下来逐渐改变玻璃罩的高度，跳蚤都在碰壁后主动改变自己的高度。最后，玻璃罩接近桌面，这时跳蚤已无法再跳了。科学家于是把玻璃罩拿开，再拍桌子，跳蚤仍然不会跳，变成"爬蚤"了。

跳蚤变成"爬蚤"，并非它已丧失了跳跃的能力，而是由于一次次受挫学乖了，习惯了，麻木了。最可悲之处就在于，实际上的玻璃罩已经不存在，它却连"再试一次"的念头都没有了。玻璃罩已经罩在了潜意识里，罩在了心灵上。行动的欲望和潜能被自己扼杀，科学家把这种现象叫作"自我设限"。

"自我设限"是人生的最大障碍，如果想突破它，我们就必须不怕碰壁。这就需要我们有积极的进取心了。

进取心包括你对自己的评价和你对未来的期望。你必须高屋建瓴地看待自己，否则，你就永远无法突破你为自己设定的限度。你必须幻想自己能跳得更高，能达到更高的目标，以督促自己努力得到它，否则，你永远也不能达到。如果你的态度是消极而狭隘的，那么，与之对应的就是平庸的人生。不要怀疑自己有实现目标的能力，否则，就会削弱自己的决心。只要你在憧憬着未来，就有一种动力驱使你勇往直前。

进取心还要求我们不断挑战自我，在做事中挑战自我。

李嘉诚来到塑胶裤带公司做一名推销员时，塑胶裤带公司有7名推销员，数李嘉诚最年轻，资历最浅，而另几位是历次招聘中的佼佼者，经验丰富，已有固定的客户。

显而易见，这是一种不在同一条起跑线上的竞争，是一种劣势条件下的不平等的竞争。

李嘉诚不甘下游，不想输于他人，他给自己定下目标：3个月内，干得和别的推销员一样出色；半年后，超过他们。李嘉诚自己给自己施加压力，有了压力，才会奋发拼搏。

坚尼地城在港岛的西北角，而客户多在港岛中区和隔海的九龙半岛。李嘉诚每天都要背一个装有样品的大包出发，乘巴士或坐渡轮，然后马不停蹄地行街串巷。李嘉诚认为，别人做8个小时，我就做16个小时，开始别无他法，只能以勤补拙。

要做好一名推销员，一要勤勉，二要动脑——李嘉诚对此有深切的体会。正是这两点，使他后来居上，销售额不仅在所有推销员中遥遥领先，达到第二名的 7 倍！

李嘉诚做事，从来是不做则已，要做就做得最好，不是完成自己的本职工作就算了，而是在推销的本职工作内干出了非凡的业绩的同时，还利用推销的行业特点，捕捉了大量的信息。

他注重在推销过程中搜集市场信息、并从报刊资料和四面八方的朋友那儿了解塑胶制品在国际市场的产销状况。

经过调研之后，李嘉诚把香港划分成许多区域，把每个区域的消费水平和市场行情都详细记在本子上。他对哪种产品该到哪个区域销售，销量应该是多少，一清二楚。

李嘉诚经过详尽的分析，得出了自己的结论，然后建议领导该上什么产品，该压缩什么产品的批量。

李嘉诚推销不忘生产，他协助领导以销促产，使塑胶公司生机盎然，生意一派红火。

只有充分掌握市场状况，至少对这一行业未来一到二年的发展前景有了准确的预测，着手每一件事情时，才会简单得多，准确得多。

注重行情，研究资讯，是商场决策的基本要素，年纪轻轻的李嘉诚在这方面已显示了其过人的从商资质。

李嘉诚因此于一年后被跃升为部门经理，统管产品销售。这一年，李嘉诚年仅 18 岁。

两年后，他又晋升为总经理，全盘负责日常事务。

李嘉诚对推销已是十分内行，但生产及管理对他来说却是非常陌生的领域。

不怕不懂，就怕不学。李嘉诚深知自己的薄弱环节所在。因此，他很少坐在总经理办公室，大部分时间都蹲在现场，身着工装，和工人一道摸爬滚打，熟悉生产工艺流程。

对于每道工序李嘉诚都要亲自尝试，他兴致很高，一点也不觉得苦和累。

有一次，李嘉诚站在操作台上割塑胶，不小心把手指割破了，一时鲜血直流。

十指连心，疼痛钻心。但李嘉诚吭都没吭一声，迅速缠上绷带，就像什么事都没发生一样，又继续操作。

后来，伤口发炎肿胀，他才到诊所去看医生。

许多年后，一位记者向李嘉诚提及此事说："你的经验，是以血的代价换得的。"

李嘉诚微笑着说："大概不好这么说，那都是我愿意做的事，只要你愿做某件事情，就不会在乎其他的。"

李嘉诚自小受儒家思想的熏陶和影响，谦逊持重。其实，就客观而言，记者的话并没有夸大其词。

到了这一步，李嘉诚似乎应该心满意足了，然而，在他的人生字典中没有满足二字。正干得顺利的他，再一次跳槽，重新投入社会，以自己的聪明才智，开始新的人生搏击。

只不过，这一次，李嘉诚不是到另一家企业去打工，而是要开创自己的事业——他要办一个工厂，自己当领导！

经过了多年的痛苦经历和磨炼，李嘉诚很快地成熟了。他像喷薄欲出的一轮红日，积累了太多的能量，而终于到了横空出世的时候。古往今来，无数人都有过与李嘉诚相类似的痛苦经历，但是能够成就大业的人毕竟寥寥无几。为什么呢？因为他们不会挑战自己。

当"知足常乐"成为一些人生活信条的时候，"否定自己"就显得很有震撼力。确实，安于现状也能暂时得到一些世俗的幸福，但随之而来的，可能是懒散与麻木。甚至可以这样说：开除自己，是对智力与勇气的挑战。

若从字面上说，开除自己，还有这样一层意思：如果你是个见了毛毛虫也要打哆嗦的人，那么，请开除自己的懦弱；倘若你是一个毫不利人、专门利己的人，那么，请开除自己的自私……同样道理，我们还可以开除自己的浅薄、浮躁、虚伪、狂妄……总之，你尽可能地开除自己的缺点好了，使自己不断地趋于完美，就像一棵不断修枝剪蔓的树，唯一的目标，就是为了日后做一棵高大挺拔的栋梁之材。

把自己从相对安逸的环境中开除出去，再开除自己身上的缺点，那么，你离成功的彼岸，肯定会越来越近。不管怎么说，开除自己，就是在给自己提供压力的同时，也提供了更多的希望与机遇。

而只有那些不断超越自己的人，才能不断取得伟大的成功。牛顿把自己看作是在真理的海洋边捡贝壳的孩子。爱因斯坦取得成绩越大，受到称誉越多，越感到无知，他把自己所学的知识比作一个圆，圆越大，它与外界未知领域的接触面也就越大。科学无止境，奋斗无止境，人类社会就是在不满足已有的成功中不断进步的。

李小龙很喜欢下面这首诗，相信你也会喜欢。

认 为

如你"认为"自己会败，你已败了，

如你"认为"自己不敢，你就不敢。

如你"想"赢，却"认为"赢不了，

几乎可以断定你与胜利无缘。

如你"认为"自己会输，你已输了。

证诸寰宇我们发现，

成功始于人之"意志"，

一切决于"心念"之间。

如你"认为"自己落后，你必如此。

你需拥有"意念"登高，

于"相信"自己之后，

方能赢得荣耀目标。

人生战役并非总是偏向，

力量较强或速度快者，

迟早胜利将归于他们——

"自认"会赢之勇者！

＞名人简介＜

卢奇亚诺·帕瓦罗蒂(1935 年 —2007 年)，意大利歌唱家，他的名字几乎成了男高音的代名词。自卡鲁索之后，还没有哪位男高音像帕瓦罗蒂这样声播四海，赢得全球性的喝彩。谈帕瓦罗蒂不能不说到"高音C"，这是老帕的绝活儿。这个被称作男高音试金石的高音C，他不但能自如地唱到位，而且唱得稳而好，可以说是漂漂亮亮，迸射出金属般的光辉。因此，帕瓦罗蒂有"高音C之王"的美称。

为梦想持之以恒

> 卓越的人一大优点是：在不利与艰难的遭遇里百折不挠。
>
> ——贝多芬

　　成功对过程的要求近于残酷，哪怕已经走过了九十九步，但是差一步之遥也是失败。前进的路上，我们必须要学会"持之以恒"。

　　一位电台主持人在自己的职业生涯中遭遇了 18 次辞退，她的主持风格被人贬得一文不值。

　　最早的时候，她想到美国大陆无线电台工作。但是，电台负责人认为她是一个女性，不能吸引听众，理所当然地拒绝了她。

　　她来到了波多黎各，希望自己有个好运气。但是她不懂西班牙语，为了熟练地掌握这门语言，她花了 3 年的时间。但是，在波多黎各的日子里，她最重要的一次采访，只是有一家通讯社委托她到多米尼加共和国去采访暴乱，连差旅费也是自己出的。

　　在以后的几年里，她不停地工作，不停地被人辞退，有些电台指责她根本不懂什么叫主持。

1981年，她来到了纽约的一家电台，但是很快被告知：她跟不上这个时代。为此，她失业了一年多。

有一次，她向一位国家广播公司的职员推销她的清谈节目策划，得到他的肯定。但是，那个人后来离开了广播公司。她只好再向另外一位职员推销她的策划，这位职员对此不感兴趣。她找到这位职员，要求他雇用她。此人虽然同意了，但他却不同意搞访谈节目，而是让她主持一个政治节目。

她对政治一窍不通，但是她不想失去这份工作。她于是"恶补"政治知识……

1982年的夏天，她的以政治为内容的节目开播了。凭着她娴熟的主持技巧和平易近人的风格，节目期间听众可以打进电话来讨论国家的政治活动，包括总统大选。

这在美国的电台史上是无先例的。

她几乎在一夜之间成名，她的节目成为全美最受欢迎的政治节目。

她叫莎莉·拉斐尔。现在的身份是美国一家自办电视台节目主持人，曾经两度获全美主持人大奖。每天有800万观众收看她主持的节目。

在美国的传媒界，她就是一座金矿，她无论到哪家电视台、电台，都会为他们带来巨额的回报。

莎莉·拉斐尔说："我平均每一年半，就被人辞退一次，有些时候，我认为这辈子完了。但我相信，上帝只掌握了我的一半，我越努力越是坚持，我手中掌握的那一半就越庞大，有一天，我终于赢了上帝。"

"我赢了上帝"这句话曾经作为标题，出现在美国的许多媒体上，包括国家电台对她的一个访谈录。

只要有梦想，我们就有前进的动力，为梦想持之以恒，我们就有了通向梦想的桥梁。

人生始终在考验我们战胜困难的毅力，唯有那些能够坚持不懈的人，才能得到最大的奖赏。毅力可以移山，可以填海，可以从芸芸众生中筛出成功的人。

1863年冬天的一个上午，凡尔纳刚吃过早饭，正准备到邮局去，突然听到一阵敲门声。凡尔纳开门一看，原来是一个邮政工人。工人把一包鼓囊囊的邮件递到了凡尔纳的手里。一看到这样的邮件，凡尔纳就预感到不妙。自从他几个月前把他的第一部科幻小说《乘气球 5 周记》寄到各出版社后，收到这样的邮件已经是第 14 次了。他怀着忐忑不安的心情拆开一看，上面写道："凡尔纳先生：尊稿经我们审读后，不拟刊用，特此奉还。某某出版社。"每次看到一封封退稿信，凡尔纳都是心里一阵绞痛。这已经是第 15 次了，还是未被采用。

凡尔纳此时已深知，那些出版社的"老爷"们是如何看不起无名作者。他愤怒地发誓，从此再也不写了。他拿起手稿向壁炉走去，准备把这些稿子付之一炬。凡尔纳的妻子赶过来，一把抢过手稿紧紧抱在胸前。此时的凡尔纳余怒未息，说什么也要把稿子烧掉。他妻子急中生智，以满怀关切的口气安慰丈夫："亲爱的，不要灰心，再试一次吧，也许这次能交上好运的。"听了这句话以后，凡尔纳抢夺手稿的手慢慢放下了。他沉默了好一会儿，然后接受了妻子的劝告，又抱起这一大包手稿到第 16 家出版社去碰运气。

这一次没有落空，读完手稿后，这家出版社立即决定出版此书。并与凡尔纳签订了 20 年的出书合同。

没有他妻子的开导，没有为梦想持之以恒的勇气，我们也许根本无法读到凡尔纳笔下那些脍炙人口的科幻故事，人类就会失去一笔极其珍贵的精神财富。

世界上的事情就是这样，成功需要坚持。裁判员并不以运动员起跑时的速度来判定他的成绩和名次，你要取得冠军，就必须坚持到底，冲刺到最后一瞬。如果有丝毫之松懈，你就会前功尽弃。

美国西部淘金热时期，有一位名叫马卡·威廉杰斯的人在经过几度沉浮后，他终于克服了西部恶劣的天气折磨和壮美的景色的诱惑，发现了亮闪闪的金砂。但是好景不长，矿脉突然间踪迹尽失，在马卡·威廉杰斯自认毫无办法之时，只得拱手于人。但是后来的专家发现，是"断线层"蒙蔽了许多人，矿脉就在其下方三英尺。

成功的人，往往只是比失败的人最后多了一份坚持，就是这最后的坚持，决定了他的成功与失败。就像一场比赛的最后几分钟，往往正是输赢的关键。

中国古代有个铁杵磨成针的故事。李白小时在四川象耳山读书，很不用功，并想中途废学。有一天，他在山下小溪旁遇见一位白发老婆婆在那里磨铁杵。李白问干什么，老婆婆回答说："把铁杵磨成针。"李白不相信，"嗤"

的一声笑了，对她说："铁杵岂能磨成针？""只要功夫深，铁杵磨成针。"老婆婆向他讲了这个道理。李白顿时领悟。从此，他便发奋用功，终于懂得了功到自然成的道理。

晋代著名书法家王献之写字，用尽 18 缸水，终于成为一代书法大师。

李时珍花了 31 年功夫，读了 800 多种书籍，写了上千万字笔记，游历了 7 个省，收集了成千上万个单方，为了了解一些草药的解毒效果，吞服了一些剧烈的毒药，最后写成了中国医药学的辉煌巨著——《本草纲目》。

胜利的鲜花在血汗中绽放，荣誉的桂冠用荆棘编织，排除万难，坚定不移，成功属于意志坚定者。英国著名作家狄更斯说："顽强的毅力可以征服世界上任何一座高峰。"张海迪自幼就患有严重的高位截瘫，几次濒临死亡的边缘，身体可算弱小，可是 20 多年来，她学会了 4 门外语，翻译了 16 万多字的外国著作，获得了哲学硕士学位，并自学了针灸技术，为群众治病 1 万多人次，做出了巨大贡献。与张海迪相比，我们这些身体健壮的人又当做些什么呢？

有个记者访问一位事业有成的企业家："为什么你在事业上经历了如此多的艰难和阻力，却从不放弃呢？"

企业家答道："你观察过一个正在凿石的石匠吗？他在石块的同一位置上恐怕已敲过了一百次，却毫无动静。但是就在那第一百○一次的时候，石头突然裂成两块。并不是这第一百○一下使石头裂开，而是先前敲的那一百下。"

拿破仑·希尔发现，他访问过的成功人士都有个共同的特征，在他们成功之前，都遭遇过非常大的险阻。表面上看来，事情是应该罢手了，放弃算了，殊不知就是差这一步到达终点，就是突破边缘了。有许多一事无成者，并不缺乏追求的目标，而是经常在遇到困难时便放弃目标。人生唯一的失败，就是当你选择放弃的时候。因此，当事事都显得不顺心时，你应该继续坚持下去，再试一次，只要坚持，就一定会成功。

1832 年，林肯失业了，这显然使他很伤心，但他下决心要当政治家，当州议员。糟糕的是，他竞选失败了，在一年里遭受两次打击，这对他来说无疑是痛苦的。

1835 年，他订了婚。但离结婚还差几个月的时候，未婚妻不幸去世。这对他精神上的打击实在太大了，他心力交瘁，数月卧床不起。1836 年，他得了神经衰弱症。

1838年，林肯觉得身体状况转好，于是决定竞选州议会议长，可他失败了。1843年，他又参加竞选美国国会议员，但这次仍然没有成功。

林肯虽然一次次地尝试，但却是一次次地遭受失败：企业倒闭、爱人去世、竞选受挫。要是你碰到这一切，你会不会放弃——放弃这些对你来说很重要的事情？

林肯没有放弃，他也没有说："要是失败会怎样？"1846年，他又一次参加竞选国会议员，最后终于当选。

两年任期很快过去了，他决定要争取连任。他认为自己作为国会议员表现是出色的，相信选民会继续选举他。但结果很遗憾，他落选了。

因为这次竞选，他赔了一大笔钱，林肯申请担任本州的土地官员，但州政府把他的申请退了回来，上面指出："做本州的土地官员要求有卓越的才能和超常的智力，你的申请未能满足这些要求。"

接连又是两次失败。在这种情况下你会坚持继续努力吗？你会不会说"我失败了"？

然而，林肯没有服输。1854年，他竞选参议员失败；两年后他竞选美国副总统提名，被对手击败；又过了两年，他再一次竞选参议员，还是失败了。

林肯尝试了11次，可只成功了2次，但他始终没有放弃自己的追求，他一直在做生活的主宰。1860年，他当选为美国总统。

亚伯拉罕·林肯和你我一样，都曾遇到各种困难。他面对困难没有退却、没有逃跑，他坚持着、奋斗着。他压根儿就没想过要放弃努力，他不愿放弃，他一直奋斗，所以他成功了。

如果选择了退缩，那一切就没有希望了。

丘吉尔下台之后，有一回应邀在牛津大学的毕业典礼上演讲。那天他坐在主席台上，打扮一如平常。还是一顶高帽，手持雪茄。

经过主持人隆重冗长的介绍之后，丘吉尔走上讲台，注视观众，沉默片刻。然后他用那种特别的丘吉尔式的风度凝视着观众，足足有30秒之久。终于他开口说话了，他说的第一句话是："永不放弃。"然后又凝视观众足足30秒。他说的第二句话是："永远，永远不要放弃！"接着又是长长的沉默。然后他说的第三句话是："永远，永远，永远不要放弃！"他又注视观众片刻，然后迅速离开讲台。当台下数千名观众明白过来的时候，立即响起了雷鸣般的掌声。

许多人都知道持之以恒可以帮助我们穿过黎明前的黑暗，但是往往在黑暗让位于阳光之前的一刹那放弃了，从此与光明无缘。

要有敏锐的目光，看清成功背后的景象；要有持续的毅力，坚持到困难向你退缩；要有勇气有行动，做到这些的话，你就是明天的胜者。

＞名人简介＜

贝多芬（1770 年－1827 年），德国最伟大的音乐家之一。出身于德国波恩的平民家庭，很早就显露了音乐上的才华，8 岁便开始登台演出。贝多芬信仰共和，崇尚英雄，创作了大量充满时代气息的优秀作品，如：交响曲《英雄》、《命运》；序曲《哀格蒙特》；钢琴奏鸣曲《悲怆》、《月光》、《暴风雨》、《热情》等等。贝多芬集古典音乐之大成，同时开辟了浪漫时期音乐的道路，对世界音乐的发展有着举足轻重的作用，被尊称为"乐圣"。

技巧，让事情变得简单

效率就是一切

> 效率是一切。在竞争中，效率是不可或缺的要素。效率令公司和职员保持活力，效率使你入迷。
>
> ——杰克·韦尔奇

效率是决定事业能否成功的首要条件。

某出版社计划出版一本大型统计资料集，由于总编特别重视数据部分的视觉设计效果，所以，除了编辑人员之外，另外还找来了两位设计人员参与编辑工作。

总编认为，所要出版的是新的资料集，所以就算内容烦琐也无所谓，只要能在几个月内完成还是非常不错的。但设计人员为求完美，要求总编给10个月的制作期限。

然而，一年后，书稿才完成了一半多，并且出现了夭折的危机，因为，已经有别的出版社即将出版发行同类书稿。此时就算继续完成似乎也没什么意义了，结果，所投下的金钱、人力和物力都将付诸东流……

这个故事的寓意是，效率是决定事业能否成功的首要条件。许多人总是认为事情要做到满分才是高效率的表现，但事实上刚好相反。有时候太专于一个"点"，往往会牺牲掉整个"面"。

有人说：只要勤奋努力，就能将学习搞好。真是这样的吗？勤奋固然重要，但现实中这种现象却屡见不鲜：有的同学学习非常卖力气，但是学习效果却很不理想；而有些同学看上去不是那种勤奋的好孩子，但学习成绩却很好。

为什么会出现这种"反常现象"，难道"勤奋努力"与"学习成绩好"成反比吗？难道是勤奋努力的同学的智商比那些不怎么用功的同学低吗？如果我们对那些看起来不够勤奋但成绩却很好的同学进行深入的分析，就会发现，并非他们有着多么高的智商，而在于他们学习很有效率。

效率就是一切。在今天，社会发展如此之快，没有效率的学习或工作必将被淘汰，要想立足于这个竞争的社会，必须重视效率。

有些人工作起来非常繁忙，似乎有许多事情要做，却往往顾此失彼，缺乏成效。因此，效率是必须注意的问题。例如，掌握了优先把时间用在有意义的活动上的技巧，可以使工作更有效率。

糟糕的是，许多人试图延长他们的工作时间，以完成更多的工作。但那是没有用的。工作不是固体，它像是一种气体，会自动膨胀，并填满多余的时间。因此，时间管理专家并不鼓励你为及时完成工作而延长工作时间。例如，一个计划到下班时还没写完，也许你会自然地对自己说："我会在晚上把它写完。"因为你把晚上当作了白天的延伸。不仅影响家庭和社会生活，它还降低工作效率，你成了整个事件中唯一的受害者。

一位著名科学家说："无头绪地、盲目地工作，往往效率很低。正确地组织安排自己的活动，首先就意味着准确地计算和支配时间。"然而，很多人却充当着"消防员"的角色，自觉或不自觉地把大部分时间用于处理急事，他们每天都在处理危机，四处"救火"。每天下来，他们总是身心疲惫不堪，但并没有干成几件要事。

为了"救火"，他们根本没有时间去处理该处理的问题，去思考最应该思考的要事。不是他们不想做要事，而是他们把大部分精力和时间花掉了，以致到最后不得不办时，早已错过了处理的最佳时机。如此日复一日地恶性循环，让自己像一个"危机管理人"那样，完全被大小事务控制住了，由此失去了驾驭工作和生活的主动性。

整天被急事缠着的人，时间和精力被白白消磨了，却还不知道取得了什么成就。卓有成就的人知道该把时间花费在什么地方，他们具有自我矫正的能力，从而把时间用到适宜的地方。

削减 10% 的工作时间，让自己每天早一个小时下班，你会发现，原来这不是难事，而且，这么做几乎不会影响到你的工作业绩，因为这样提高了你的工作效率。你可以每天拨出一个小时，来应付那些扰人的电话、临时会议、寻找文件和其他会剥夺你时间的杂事，这些杂事在商业社会中是不可避免但又是我们很少去留意的麻烦。明确地规划这种时间，可以强迫你去正视那些麻烦的存在，而且，也可以减少伴随而来的烦恼，至少那些麻烦都会在那一个小时内被解决掉。

总之，如果繁杂的工作使你感觉厌倦不已，你就应该适时适量减少你的工作量，只要你确信这样做可以使你心情更为放松愉悦，相信必然会为你的工作带来更大的效率。有人观察，人体的精神状态一般在上午 8 时、下午 2 时和晚上 8 时最佳。最佳状态持续两小时左右各有一次回落。如能利用这种起落变化，科学安排作息时间，建立有规律的生活节奏，就能最大限度地发挥智慧和潜能，既能保持大脑良好活动状态，又能增进健康，但是，真正做到是不那么容易的。这里要提醒大家的是，不管工作多忙，任务多重，无论如何都要给自己留出一定"喘息"时间。比如，阅读、写作一小时后，最好休息片刻。最长连续写作、阅读时间也不要超过两小时，否则，不仅工作效率不高，而且非常容易产生疲劳。此外，做实验、开会、做报告也最好中间安排一下休息，室外活动活动，再继续进行。看起来占用一定时间，但从总体来看，从长远来看还是值得的。

金无足赤，人无完人。任何事情都不是完美的，青少年朋友在学习、工作中，要以效率为重，没有效率的工作，即使再完美，也是徒劳的。

上企业管理课程时，经常需要分组做报告。詹姆森这组有一个完美主义的信徒兼"工作狂"的成员，从此大家便展开了痛苦的合作过程！

他们这组做的东西，他几乎从没有满意过，总要带回家去"加工"一番。开始，大家都对他这种态度颇不理解，每个人对他的评价都是："他以为他是天才还是超人？"久而久之，大家对于自己所写的部分，已经处"变"不惊了；还有些人干脆连写都不想写，全都丢给那个"工作狂"去做。

直到要开始准备口头报告时，大家才发现有点不对劲，怎么我们的报告还没写完呢？问那个"工作狂"，他说："我觉得第一部分还不够好，还需要做一些修改。"全组人员一听到他还徘徊在"第一部分"的时候，吓得当场一致决定下课后一起完成这份报告。虽然按时完成了，却是5个人熬了3天3夜才赶出来的。人怎样了且不去谈，由于赶工的结果，报告质量当然无法保证。回想起来，那真是少见的"团结"而令人"感动"场面。但谁也不想被视为典型人物！

　　无论哪种情形，在追求完美时都需要谨记：效率比完美更重要。因为，效率就是一切。

＞名 人 简 介＜

　　杰克·韦尔奇生于1935年，生于美国马萨诸塞州萨兰姆市。1960年加入通用电气（GE）塑胶事业部。1971年底，韦尔奇成为GE化学与冶金事业部总经理，1979年8月成为通用公司副董事长。1981年4月，年仅45岁的韦尔奇成为通用电气公司历史上最年轻的董事长和首席执行官，2001年4月卸任，但仍被称为"全球第一CEO"。

轻重缓急要分清

世界上的一切都必须按照一定的规矩秩序各就各位。

——莱蒙特

做事之前分清轻重缓急，设定优先顺序，一件一件地做，这样你的效率自然会很高。

艾维·利是美国著名的效率专家，有一次，他在解答伯利恒钢铁公司总裁查理斯·舒瓦普的问题时，给了舒瓦普一张白纸，并说："我可以在 10 分钟之内把你公司的业绩提高 50%。"

"请在这张纸上写下你明天要做的 6 件最重要的事。"舒瓦普用了 5 分钟写完。

艾维·利接着说："现在用数字标明每件事情对于你和你的公司的重要性次序。"

这又花了 5 分钟。

艾维·利说："好了，把这张纸放进口袋，明天早上第一件事就是把纸条拿出来，按今天你写的顺序去做。"

艾维·利最后说："每一天都要这样做，您刚才看见了，只用 10 分钟时间。你对这种方法的价值深信不疑之后，叫你公司的人也这样干。这个试验你爱做多久就做多久。"

一个月之后，舒瓦普给艾维·利寄去一封信，信上说，那是他一生中最有价值的一课。

5 年之后，这个当年不为人知的小钢铁厂一跃而成为世界上最大的独立钢铁厂。人们普遍认为，艾维·利提出的方法对小钢铁厂的崛起功不可没。

著名诗人波普曾写过这样一句话："秩序是天国的第一条法则。"同时，秩序也是我们工作中的重要法则。对于一个人的工作来说，提高工作效率，用好时间，提高办事能力是关键，但一个良好的工作秩序也是必不可少的。

分清轻重缓急，也就是要我们工作有条理，建立一个较佳的学习工作秩序，增加单位时间的使用效率，合理组织学习工作，这既是最容易的事，也是最困难的事。工作无序，没有条理，在一切都是乱糟糟的环境中东翻西找，这无疑意味着你的精力和时间都毫无价值地浪费了。

办公桌面是否整洁，是工作条理化的一个重要方面。从某个程度上说，杂乱无章的环境是一种恶习。在多数情况下，东西越堆越高，物件越杂乱无章，就会给你工作带来越大的麻烦，当你不能记起堆积物下层放的是什么东西时，或者你要为下一节课找到所有相关资料时，你就不得不在资料堆里埋头苦找。这样，时间就浪费在查找东西上了。

遍布全美的都市服务公司创始人亨利·杜赫提说过，有两种能力是一个人千金难求的无价之宝：一是思考能力；二是分清事情的轻重缓急，并妥当处理的能力。

白手起家的查理·鲁克曼经过 12 年的努力后，被提升为派索公司总裁，年薪 10 万。他把成功归功于杜赫提谈到的两种能力。鲁克曼说："就记忆所及，我每天早晨 5 点起床，因为这一时刻我的思考力最好。我计划当天要做的事，并按事情的轻重缓急做好安排。"

全美最成功的保险推销员之一弗兰克·贝特格，每天早晨还不到 5 点钟，便把当天要做的事安排好了。他在前一个晚上预备，定下每天要做的保险数额，如果没有完成，便加到第二天的数额，以后依此推算。

长期的经验告诉我们，没有人能永远按照事情的轻重程度去做事。但按部就班地做事，总比想到什么就做什么要好得多。

假使萧伯纳没有为自己定下严格的规定，保持每天写出5页稿子的文字。他可能永远只是个银行出纳员。他度过了9年心碎的日子，9年总共才赚了30块钱稿费，平均每天才一分钱！由于他一直把写作当成最重要的事去做，终于成了举世闻名的作家。

著名企业家华纳·布朗认为，行动"量"的多少并不重要，达到目的的"质"比较重要。他说："行政主管本身'做'了什么并不重要；重要的是他去'推动完成'了什么。"

将主要工作、主要内容扼要写在计划表上。你们计划表范围应该广泛，但决不能做成百科全书。否则，你会力不从心。

有个好办法可以确定你单子上的优先顺序是否管用：反复查看单子里的前10项是不是真的是最紧急和重要的事。

玛丽·凯·阿什曾在创办玛丽·凯化妆品公司初期，听到一则有关"如何提高工作效率"的故事，这个故事对她后来事业成功起了重大的推动作用，故事的精义是"每天写下6件最重要的事，然后按顺序执行"。玛丽·凯说："当我听到这个故事后，心想，如果这个方法对吉尔而言值252万元，对我也会有同样的价值。"因此，她开始在每天下班前也写下明天做的6件重要的事情，而且也鼓励业务员这么做。

今天的玛丽·凯化妆品拥有十多万名业务员，他为他们印制了上百万份的粉红色的小便条本，每一张便条纸上写的都是："我明天必须做的6件重要事情。"

和玛丽·凯一样，艾维·利也是这一方法的受益者。美国的卡耐基在教授别人期间，有一位公司的老板去拜访他，看到卡耐基干净整洁的办公桌感到很惊讶。他问卡耐基说："卡耐基先生，你没处理的信件放在哪儿呢？"

卡耐基说："我所有的信件都处理完了。"

"那你今天没干的事情又推给谁了呢？"老板紧迫着问。

"我所有的事情都处理完了。"卡耐基微笑着回答。看到这位公司老板困惑的神态，卡耐基解释说："原因很简单，我知道我所需要处理的事情很多，但我的精力有限，一次只能处理一件事情，于是我就按照所要处理的事情的重要性，列一个顺序表，然后就一件一件地处理。结果，完了。"说到这儿，卡耐基双手一摊，耸了耸肩。

"噢，我明白了，谢谢你，卡耐基先生。"几周以后，这位公司的老板请卡耐基参观其宽敞的办公室，对卡耐基说："卡耐基先生，感谢你教给了我处理事务的方法。过去，在我这宽大的办公室里，我要处理的文件、信件等等，都是堆得和小山一样，一张桌子不够，就用三张桌子。自从用了你说的法子以后，情况好多了，瞧，再也没有没处理完的事情了。"

这位公司的老板就这样找到了处理事务的办法，几年以后，他成为美国社会成功人士中的佼佼者，他就是艾维·利。

在做一件重要事情的同时，总会有许多琐碎的小事来干扰你，比如说有电话或有人拜访。因为电话一响，你就要去接；别人拜访，你就要接待。这些事情在我们的生活中有时是不可避免的。

对于真正杰出的人来讲，虽然也会遇到许多琐事，但是他们绝不轻易受这些事的干扰。在这里我当然不要求你关门修炼，而是建议你尽量不要让那些琐碎的事干扰你，以致使你偏离了实现你人生价值的大目标。

皮特是一家公司的经理，有一次他正在专心做一份计划书，这个计划书对公司很重要，如果成功，它将给公司带来巨大的财富和美好的发展前景。可当他在办公室里忙着这件事的时候，电话接连不断，要么有下属进来请教如何处理一些小问题。尽管他已要求下属不要让电话或别的事来打扰他，可是仍然会有不少下属来找他，因为他给下属们的自主权太小了。这导致下属员工不敢擅做主张，每有一件急需处理的事就必须要请教他。他不能专心地把计划书做好，可是期限就要到了，皮特一气之下对员工们说："你们不要再来打扰我，有什么事你们自己处理好，只要不把公司弄得不可收拾就行了。"

当他做完计划书后，忽然想起对下属员工说的话，于是赶紧去查看公司有什么问题。结果他惊奇地发现，公司里不但没有出现任何不可收拾的问题，反而运行得很好。这件事引起了他的思考。

在做事情时，要分清主次，把主要的问题解决了，次要的问题也就相应得以解决。

有时，虽然有些事你事先已经安排好了，但是在执行过程中遇到了新的情况，这时也有必要更改，那就要灵活处理了。

有人说："只要勤奋就能创造高效率。"其实在最短的时间内完成最多的目标才能创造出高效率，而其前提就是做好重要的事情。有时也许会出现看似紧急实则无谓的事，此时，你只要把握好"重要的事优先"的原则，就能在繁杂的学习工作中更有效地利用时间，而你的生活也将变得井然有序。

记住，永远是要事第一。

> 名 人 简 介 <

莱蒙特(1868年—1925年)，波兰作家。出生于彼特科夫县，父亲是教堂风琴师。由于家境贫寒，莱蒙特中学未毕业便出外谋生，先后当过裁缝、小贩、流浪艺人、铁路职员和修道士等。19世纪80年代末，莱蒙特开始创作。早期的短篇小说《母狗》、《汤美克·巴朗》、《正义》等反映了城乡劳动人民的苦难生活和反抗。长篇小说《女喜剧演员》及其续篇《烦恼》以流浪艺人生活为题材，表现了正直而又有才华的艺术家的理想的形象。长篇小说《福地》是以罗兹的工业发展为题材，深刻地反映了劳资关系，由于这部作品的成功，莱蒙特被称为"波兰的左拉"。

关键的环节要先办

先从困难的事下手，简单的事常会自行解决。

——弥尔顿

一件事情无论有多少环节，总有一个是最关键的，集中我们有限的精力先处理好这个环节，其他环节自然迎刃而解了。

卡尔森是一个具有重点思维习惯的人。他 1968 年加人温雷索尔旅游公司从事市场调研工作，3 年以后，北欧航联出资买下了这家公司，卡尔森先后担任了市场调研部主管和公司部经理。他由于熟悉了业务，并且善于解决经营中的主要问题，使得这家旅游机构发展成瑞典第一流的旅游公司。

卡尔森的经营才能得到了北欧航联的高度重视，他们决定对卡尔森进一步委以重任。

航联下属的瑞典国内民航公司购置了一批喷气式客机，由于经营不善，连年亏损，到最后就连购机款也偿还不起。1978 年，卡尔森调任该公司的总经理。担任新职的卡尔森充分发挥了擅长重点思维的才干，他上任不久，就抓住了公司经营中的问题症结：国内民航公司所定的收费标准不合理，早晚高峰时间的票价和中午空闲时间的票价一样。卡尔森将正午班机的票价削减一半以上，以吸引去瑞典湖区、山区的滑雪者和登山野营者。此举一出，很快就吸引了大批旅客，载客量猛增。卡尔森任主管后的第一年，国内民航公司即扭亏为盈，并获得了丰厚利润。

卡尔森认为，如果停止使用那些大而无用的飞机，公司的客运量还会有进一步的增长。一般旅客都希望乘坐直达班机，但庞大的"空中巴士"无法满足他们的这一愿望，尽管DC-9客机座位较少，但如果让它们从斯堪的纳维亚的城市直飞伦敦或巴黎，就能赚钱。但是原来的安排是DC-9客机一般到了哥本哈根客运中心就停飞，旅客只好去转乘巨型"空中客车"。卡尔森把这些"空中客车"撤出航线，仅供包租之用，辟设了奥斯陆——巴黎之类的直达航线。

与此同时，卡尔森的另一举措也充分显示了他的重点思维能力，这就是"翻新旧机"。

当时市场上的那些新型飞机引不起卡尔森的兴趣，他说，就乘客的舒适程度而言，从DC-3客机问世之日起，客机在这方面并无多大的改进，他敦促客机制造厂改革机舱的布局，腾出地盘来加宽过道，使旅客可以随身携带更多的小件行李。卡尔森不会想不到他手下的飞机已使用达14年之久，但是他声称，秘诀在于让旅客觉得客机是新的。北欧航联拿出1500万美元（约为购买一架新DC-9客机所需要费用的65%）来给客机整容，更换内部设施，让班机服务人员换上时尚新装。公司的DC-9客机一直使用到1990年。靠着那些焕然一新的DC-9客机，招徕越来越多的旅客，当然，滚滚财源也随之而来。

卡尔森是善于重点思维的典范。成功人士遇到重要的事情时，一定会仔细地考虑：应该把精力集中在哪一方面呢？怎么做才能最大限度地利用我们的人力和物力，从而获得最大的效益呢？

学会关键环节要先办，并且要办就要办到最好这一规则，一切问题都会变得简单，同时你的效率才能提高。

在国外，这叫焦点法则。焦点法则这一概念最先是由一流行销大师赖兹提出来的，这个概念的提出和运用，在企业界发生了天翻地覆的变化，引起了"焦点风潮"。

在太阳底下，用聚焦镜对着一张纸，几分钟后，由于聚焦镜聚焦了太阳的能量，这张纸在没有火种引燃的情况下自动燃烧起来，这就是焦点法则。

现代社会，信息爆炸，学科庞杂。我们不可能把世界上所有的学科知识都学会，我们需要一个焦点，需要选择一至两个专业知识作为专攻对象。如果你这个领域的学科学一点，那个领域的学科也学一点，没有焦点，你是无法学有所成的。

完成学业之后你踏入社会。原说七十二行，行行出状元。其实，社会上的工作或行业何止七十二行。行业越多，你越无所适从。你不可能把每个行业都做好，你只能有焦点地选择某个行业，然后全力以赴，奉献你全部的热情和智慧，这样才有可能在某个行业成就一番事业。

焦点法则可用于任何时候、任何领域，与你的事业成败有着重大关系。

老板让杰克准备好明天与某公司董事长会谈的资料，并拟写一份会谈提纲。然而接下来的时间里，杰克却忙于完成另外的几件事：寄出几封信，发出几份传真，接待一个没有预约的会谈，打几个无关紧要的电话，给老板的一位朋友买了束鲜花，为他贺喜。终于把一切安排妥当，此时已经到了下班的时间。晚点走吧，又三番两次被一个个无关紧要的电话打扰，于是他决定回家加班。吃过饭，他又忍不住要看一场球赛，看完后已是晚上11点，于是提笔拟写提纲。结果，仓促准备，难免出错。在会谈的过程中，幸好老板经验丰富，这场会谈倒进行得还顺利。但事后，杰克受到了严厉的批评。

甘地夫人曾经说："我把事情分为三类：最重要的、次要的和不很重要的。我只为头一类事而奋斗。如果我身体好、有余力，也去张罗第二类事。"把精力分散在好几件事情上，绝对不是明智的选择。所谓"一件事原则"，即专心地做好一件事，就能有所收获，不至于因为一下想做太多的事，反而一件事都做不好，结果两手空空。

集中力量在重要的事情上，是无数人士和机构成功的保证。英特尔是一家电脑芯片制造商，它把全部资源，都放在制造更好的芯片上。在不到10年的时间里，他们获得了使电脑处理机速度提高4倍以上的处理能力。他们之所以有今天惊人的成就，就是因为英特尔专心致力于微处理机的研制工作，而不去担心其他（例如软件或计算机硬件之类）的事情。

我们应该向有经验的园艺家学习，把许多能够开花结果的枝条剪去。这看上去好像很可惜，可是为了要使树木能茁壮成长，果实结得更大，就必须将这些多余的枝条剪除。否则，将来在收获上的损失，会远远超过这些枝条损失的无数倍。

花匠们为什么把许多将要开放的花蕾剪去呢？它们不是一样可以开出美丽的花朵吗？他们剪去其中绝大部分，能将所有的养分集中在剩下的几朵花蕾上，当这些花蕾开放后，就会变为稀有、珍贵的奇葩。

就像培植花木一样，与其把你所有的精力分散到许多无关紧要的事情上，还不如瞅准一件最重要的工作，集中精力，埋头苦干。这样一定会收到良好的效果。人的精力是有限的，集中力量在重要的事情上是真正有效的工作方法。

美国俄亥俄州阿克伦市有一家年营业额 10 万美元的松饼公司。在一家餐饮业企业的要求下，除贩卖新鲜松饼之外，还兼做起了批发冷冻松饼面团的生意。

他们购置了大量新设备，建立批发据点。看来前景一片光明，于是他们又开第二家连锁店。但是由于公司应付两个不同的事业而分散了公司的资源，使资源变得紧张起来，员工士气随之下滑。一年后，松饼零售店和面团批发生意濒临破产边缘。

这时，松饼公司的所有人史帝文·马克斯和哈维·尼尔森下定决心，集中精力处理比较重要的事情。他们卖掉了松饼零售店，全力以赴做面团批发生意。

结果不到 3 个月，批发生意就一路走红，并以较快速度保持增长。

史帝文·马克斯说："与其同时做两件不怎么样的事，还不如选择其一，竭尽全力把它做到最好。这意思也就是说，要成功就必须集中经营焦点，把所有精力都投入在那个最有希望成功的事业上。"

> 名人简介 <

弥尔顿（1608 年—1674 年），英国诗人、政论家。出生于伦敦一个富裕的清教徒家庭。1641 年，弥尔顿站在革命的清教徒一边，开始参加宗教论战，反对封建王朝的支柱国教。写了《论出版自由》。1649 年，革命阵营中的独立派将国王推上断头台，成立共和国，弥尔顿为提高革命人民的信心和巩固革命政权，发表《论国王与官吏的职权》等文，并参加了革命政府工作，担任拉丁文秘书职务。代表作品有《失乐园》、《复乐园》和《力士参孙》。

准备越充分，做事越顺利

> 在观察的领域中，机遇只偏爱那种有准备的头脑。
>
> ——巴斯德

机遇不喜欢空等的人，往往垂青做好准备的人；准备越充分，做事就会越顺利。

失败者谈起别人获得的成功总会愤愤不平地说："人家有好的运气。"他们不采取行动，总是等待着有一天他们会走运。他们把成功看作是降临在"幸运儿"头上的偶然事情。而成功者都是勤奋的人，他们从来都不等待运气的降临，只是忙于解决问题，忙于把事情做好。

比尔·盖茨说："你能够使成功成为你生活中的组成部分，你能够使昨日的理想成为今天的现实。但是，靠愿望和祈祷是不行的，必须动手去做才能让你的理想实现。天下没有免费的午餐。"

第二次世界大战期间，具有决定性意义的诺曼底登陆是非常成功的。为什么那么成功呢？原来美英联军在登陆之前做了充分的准备。他们演练了很多次，他们不断演练，演练登陆的方向、地点、时间以及一切登陆需要做的事情。最后真正登陆的时候，已经胜算在握，登陆的时间与计划的时间只相差几秒钟。这就是准备的力量。

机会对每个人来说都是公平的，但它更垂青于有准备的人。因为机会的资源是有限的，给一个没有准备的人是浪费资源，而给一个准备工作做得非常好的人则是在合理利用资源和增加资源。

准备工作做得越充分的人，成功的可能性就越大，我们常说：养兵千日，用兵一朝。也是这个道理。

重量级拳王吉尼·吐尼一生获得过无数的荣誉，也面对过无数个强敌。有一回他要和杰克·丹塞对决，杰克·丹塞是个强劲的对手。他知道如果被丹塞击中，一定会伤得很重，一个受重伤的拳击手短时内是很难反败为胜的。于是，他开始做准备工作，他要加紧训练，他最重要的训练项目就是后退跑步。

一场著名的拳赛过后，证明吐尼的策略是对的。第一回合吐尼被击倒之后，然后爬起来，尽量后退以避开对手，直拖到一回合终了。等到第二回合，他的神智和体力都充分恢复之后，他奋力把丹塞击倒在地，获得了最后的胜利。

吐尼的胜利归功于他在事前做了最坏的打算。在实际生活中，我们每天都在面对各式各样的困难，既然我们不能预知我们的际遇，我们只好调整自己的心态，随时准备好去应付最坏的状况。

飞人迈克尔·乔丹是美国篮坛有史以来最顶尖的球员，被称为篮球之神。他具备所有成为篮球王的特质和条件，他打任何一场篮球比赛，胜算都是很大的。但是，他在参加任何一场重要的赛事之前，都会练习投篮，练习基本动作。他是球队练习最刻苦的人，他是准备工作做得最充分的人。

卡耐基也特别强调了做好准备抓住机遇的重要性，他告诉奋斗者们：时刻做好准备并寻找机会；在机会降临时要果断、及时地把握它；当机会握在手中时，要善于充分利用它并去争取成功——这是成功者必备的三种重要品质，其中，准备好是一切事情的前提。

麦克德·艾尔是艾墨尔肥料工厂的厂长，他之所以由一个速记员而走向自己事业的顶峰，便是因为他能做不是他分内所应做的工作。麦克德·艾尔最初在一个懒惰的经理手下做事，麦克德是一个十分心细的人，他在日常的生活中总是很注意观察厂里的各方面的情况，尤其是老板阿穆尔先生的个人喜好。于是，机会终于来了。有一次，懒惰的经理叫麦克德·艾尔替自己编一本阿穆尔先生前往欧洲时用的密码电报书。这位经理的懒惰，终于使麦克德·艾尔拥有了做事的机会。一般人编电码都是随便编几张纸就了事，麦克德·艾尔却不一样，他是将这些电码编成了一本小小的书，用打字机很清楚地打出来，然后装订成一本精美的小书。

阿穆尔先生仔细地看了看电报密码本，然后对经理说："这大概不是你做的。"

经理只好战战栗栗地回答："是……麦克德……"

阿穆尔先生立即命令："你叫他到我这里来。"

几天后，麦克德便在厂里独自拥有了一间办公室。

又过了几天，他便代替自己的顶头上司也就是那位经理的职位了。

从麦克德小小的成功中，你不难看出，如果他当初不有所准备，没有他平日里细心的观察，他是不会有这样好的成功的。

有许多人终其一生，都在等待一个足以令他成功的机会。而事实上，机会无所不在，重要的在于，当机会出现时，你是否已准备好了。

农夫在地里同时种了两棵一样大小的果树苗。第一棵树拼命地从地下吸收养料，储备起来，滋润每一个枝干，积蓄力量，默默地盘算着怎样完善自身，向上生长。另一棵树也拼命地从地下吸收养料，凝聚起来，开始盘算着开花结果。

第二年春，第一棵树便吐出了嫩芽，憋着劲向上长。另一棵树刚吐出嫩叶，便迫不及待地挤出花蕾。

第一棵树目标明确，忍耐力强，很快就长得身材苗壮。另一棵树每年都要开花结果。刚开始，着实让农夫吃了一惊，非常欣赏它。但由于这棵树还未成熟，便承担开花结果的责任，累得弯了腰，结的果实也酸涩难吃，还时常招来一群孩子石头的袭击。甚至，孩子会攀上它那赢弱的身体，在掠夺果子的同时，损伤着它的自尊心和肢体。

时光飞转，终于有一天，那棵久不开花的壮树轻松地吐出花蕾，由于养分充足、身材强壮，结出了又大又甜的果实。而此时那棵急于开花结果的树却成了枯木。农夫诧异地叹了口气，将那根瘦小的枯木砍下，烧火用了。

对于机遇，它意味着需要你忍受无法忍受的艰苦和穷困，以及你献身工作的漫漫长夜。

为获得成功，你必须明白只有在你寻找机会时，只有你为所从事的工作有充分的准备时，机会才会来临。

如果你今天还没有成功，一定是你还没有为成功做好准备。上帝永远只会眷顾那些有准备的人。万事俱备，只欠东风。当东风来临时，你万事俱备了吗？

> 名 人 简 介 <

路易·巴斯德(1822年—1895年)，法国微生物学家、化学家，近代微生物学的奠基人。巴斯德曾任里尔大学、巴黎师范大学教授和巴斯德研究所所长。在他的一生中，曾对同分异构现象、发酵、细菌培养和疫苗等研究取得重大成就，从而奠定了工业微生物学和医学微生物学的基础，并开创了微生物生理学，被后人誉为"微生物学之父"。

优势让我们卓越

> 了解自己的优势，让它们发挥更大的作用；了解自己的缺点，在成功的征途中改进。
>
> ——戴尔·卡耐基

优势让我们杰出，让我们脱颖而出成为无可替代的人。

1993 年，刘永森离开黑龙江，像很多人一样漫无目的地来北京寻找挣钱的机会，后来在北京一家公司打工。因为喜好速记，所以经常练练手，于是就有一些人知道他有速记这个"绝活"。一次偶然的机会，他被中央党校的一位老先生邀去做速记，由老先生口述，他做记录。由于多年的练习，他对此轻车熟路，出错率很低。经整理，这本书很快出版了。以此为契机，刘永森以 10 万元注册了北京文山会海速记公司，在北京这个速记覆盖率不足 10%的市场中全力地发展速记业。口口相传，他开始陆续地为个人做速记。这时候，他才重新审视自己所掌握的速记技能，才开始观察北京市场对速记的需求。结果发现，自己身处的这个地方是速记发展最理想的市场，于是，他花 2000元买了一台旧笔记本电脑，从此乐此不疲地为他人做速记。这时候，他已不仅为个人做速记，而是开始承揽各种会议。

成功后的刘永森说："速记是个不成熟的领域，我碰巧有这个不成熟领域里成熟的技术，把握住了这一点我就成功了一半；还有，不管面对什么压力，我都会坚持已经认定的目标，这样我就得到了成功的另一半。"从中我们可以看出，正是由于刘永森在工作中充分地发挥了自己速记的优势，才使自己的事业取得成功。

富兰克林曾说过："即使是宝贝，放错了地方也只能是废物。"每个人都有各自不同的优势，有的人适合于商海的拼搏，有的人喜欢官场的气氛，有的人精于传道授业解惑，有的人听到军营的号角就激动……所以，每个人最重要的是要知道自己的优势，明白自己最适合做什么，只有这样，才能最大限度地发挥自己的聪明才智，才能提高自己的职业竞争力。

每个人都有潜藏着的某种优势，我们的成就的最高点就是由我们能力上的优势决定的，这就如同玩扑克牌一样，决定优势的是那张可以帮助你赢得胜利的王牌，而你必须掌握和善加利用的正是你手中的那张王牌。因此我们判断自身的实力，不要老是看到自己弱势的一面、缺点的一面，而应该更多地看到优势的一面，把重点放在开发和培养自己优势的一面上，一个人事业成功的诀窍就是经营自己的长处，给自己的人生增值。

闻名世界的高尔夫运动员老虎伍兹虽然纵横高尔夫球场，但是他在沙地上的表现并不佳。对于这一项弱点，伍兹和他的教练采取了"一美遮百丑"的优势策略：即在练习时，他们只花一些时间在改进这项弱点上，好让他沙地成绩提升到一般水平，不会拉低太多分数，其他所有的练习时间全投入在伍兹的拿手好戏上，让他的优点更显优势。这样，伍兹就可以在强手如林的世界比赛中充分施展自己的优势，将对手远远地抛在身后。同样，我们如果要提高自己的竞争能力，就应该把注意力集中在自己的优势上，集中自己的"优势兵力"，同时管理好自己的缺点，避免"一招不慎，全盘皆输"，那么，我们就会具有更大的竞争力了。

优势决定竞争力，但是优势能否为人所用，能否成为自己的"卖点"，才是优势决定竞争力的关键。所以，一个人知道自己的优势，只是万里长征走出了第一步，还远远不够，应该基于优势，从中找出自己的"卖点"，这才是关键。

一种商品能够在市场上不可代替，是因为这种商品有它独特的卖点。在市场经济日益发达的今天，人与人之间的竞争更加激烈，能够胜出而不可代替的人都必须拥有自己的"卖点"。

卖点主要来自于自身的优势。学历不是卖点，你有别人也有；基本技能不是卖点，外语、电脑人人都在学；经验也不是卖点，现代职场变化很快，你所谓的经验很快被创新的方法所代替。所以说，卖点就应该从自身的优势中来筛选。比如：学习能力、创新能力、组织领导、人际合作、沟通表达、效率管理，这些都可能是你个人的优势，也可能成为你职场上的卖点。正如程咬金的三板斧一样，每个人都要有几手拿手绝活，在学历、技能、经验都不相上下的时候，这些就成了你能胜出的独特卖点。所以，我们应该花点时间，把自己的优势都写出来，好好找找自己的卖点在哪里，将这些卖点打造成个人品牌，只有这样，我们才能成为不可缺少的那个人，在竞争的激流中立于不败之地。

要开发自己的卖点，让自己与众不同，无可替代，要求我们要不断学习，与时俱进。

一位律师曾聘用一名年轻女孩当助手，替他拆阅信件并进行分类，薪水与相关工作的人相同。有一天，这位律师要求她用打字机记录一句格言："请记住：你唯一的限制就是你自己脑海中所设立的那个限制。"她将打好的格言交给律师，并且有所感悟地说："你的格言令我深受启发，对我的人生很有价值。"这件事并未引起律师的注意，但却在女孩心中打上了深深的烙印。

从那天起，她开始在晚饭后回到律师事务所继续工作，不计报酬地干一些并非自己分内的工作——譬如替律师回客户的感谢信。她认真研究了律师的语言风格，以至于她的回信和自己老板的一样好，有时甚至更好。她一直坚持这样做，并不在意老板是否注意到自己的努力。终于有一天，律师的秘书因故辞职，在挑选合适人选时，老板自然而然地想到了这个女孩。在没有得到这个职位之前已经身在其位了，这正是女孩获得提升最重要的原因。当下班的铃声响起之后，她依然坚守在自己的岗位上，在没有任何报酬承诺的情况下，依然刻苦训练，最终使自己有资格接受更高的职位。这位年轻女孩能力如此优秀，引起了更多人的关注，其他公司纷纷提供更好的职位邀请她加盟。为了挽留她，律师多次提高她的薪水，与最初当一名普通速记员时相比已经高出了4倍。对此，律师也无可奈何，因为她不断地提升自我的价值，使自己变得不可替代了。

有了优势，也要好好利用，千万别让优势成为阻碍我们的成功的劣势。

三个旅行者同时住进了一家旅店，早上出门的时候，一个旅行者带了一把伞，另一旅行者拿了一根拐杖，第三个旅行者什么也没有拿。

晚上归来的时候，拿伞的旅行者淋得浑身是水，拿拐杖的旅行者跌得满身是伤，而第三个旅行者却安然无恙。为什么第三个旅行者能够安然无恙呢？因为拿伞和拿拐杖的旅行者不懂得这样一个道理：优势不好好利用也会成为劣势。

下面让我们来看看他们三人在雨中的表现。

拿伞的旅行者说："当大雨来临的时候，我因为有了伞就大胆地在雨中走，却不知怎么淋湿了；当我走在泥泞坎坷的路上时，我因为没有拐杖，所以走得非常仔细，专拣平稳的地方走，所以就没有摔伤。"

拿拐杖的说："当大雨来临的时候，我因为没带雨伞，便拣能躲雨的地方走，所以没有淋湿；当我走在泥泞坎坷的路上时，我便用拐杖拄着走，却不知为什么常常跌伤。"

第三个旅行者说："这就是我安然无恙的原因。当大雨来时我躲着走，当路不好时我小心地走，所以我没有淋湿也没有跌伤。"

每个人都有每个人的长处、优点，以及引以为荣的骄傲，但并不是每个人都具备一种忧患意识。比如一个年轻人，家里条件好，什么都不用操心，于是就不思进取，那么，这个家庭的优势就成为他成功的劣势，因为他没有好好利用它。

优势要好好利用，让它为我们服务；劣势我们也要好好利用，在适当的时候，让它变成我们的优势。

有一个 10 岁的男孩，在一次车祸中失去了左臂，但他很想学柔道。

最终，小男孩拜一位日本柔道大师做了师傅，开始学习柔道。他学得不错，可已经练了 3 个月了，师傅还是只教他一招，小男孩有些不理解。

他终于忍不住问师傅："我是不是应该再学学其他招数？"

师傅回答说："不错，你的确只会一招，但你只需要会这一招就够了。"

小男孩还是不很明白，但他很相信师傅，于是就继续照着练了下去。

几个月后，师傅第一次带小男孩去参加比赛。小男孩自己都没有想到居然轻轻松松地赢了前两轮。第三轮稍稍有点艰难，但对手不久就变得有些急躁了，小男孩连着用那一招，又赢了。就这样，小男孩迷迷糊糊地进入了决赛。

决赛的对手比小男孩高大、强壮许多，也似乎更有经验。有一度小男孩显得有点招架不住，裁判担心小男孩会受伤，就叫了暂停，打算终止比赛，判对手赢，然而师傅不答应，坚持说："继续下去！"

比赛重新开始后，对手放松了戒备，小男孩立刻使出他的那一招，制服了对手，由此赢了比赛，得了冠军。

回家的路上，小男孩和师傅一起回顾每场比赛的每一个细节："师傅，我怎么就凭这一招就赢得了冠军？"

师傅答道："有两个原因：第一，你几乎完全掌握了柔道中最难的一招；第二，就我所知，对付这一招唯一的办法是对手抓住你的左臂。"然而小男孩却没有左臂。

所以，小男孩最大的劣势变成了他最大的优势。

每个人有优势也有劣势，应该做的是扬长避短。

小李有个弱点，在单位是出了名的，就是不管谁怎么给他亏吃，他都不会生气，过两天忘得一干二净，是个典型的"面瓜"。

有一次，单位有5个人到南方某地出差，返回时买了飞机票，可只买到4张。不用说，别人坐飞机，他只好乘火车。意外的事情发生了，飞机失事，4位同事不幸遇难。是他的弱点侥幸救了他一命。

弱点并不是绝对的坏事。其实，只要我们仔细去想一想，有时还真是弱点拯救了我们。胆小怕事、性格怯懦，这自然是弱点，但有人就是因为胆小怕事才躲过了劫难。

剑桥教授总是这样告诫学生：人的素质千差万别，各有所长，各有所短。准确地了解和分析自己，做出正确的估价，然后，根据自己的特点，发挥优势，建立独具一格的智能结构，使自己的长处得到有效的发挥，这才是最根本的。因此，最佳智能结构必须是因人而异的，决不能生搬硬套，削足适履。如果不了解自己的特质，避其所长，扬其所短，就有可能事倍功半，白白地消磨掉许多年华岁月。

在人生路途中，我们要努力发掘自己的优势，并且要善于利用自己的优势，让自己更卓越，同时，也要努力创造条件，让劣势也能在适当环境中变成优势，从而让我们的人生旅途一路绿灯。

＞名人简介＜

　　戴尔·卡耐基（1888 年－1955 年），20 世纪最伟大的成功学大师，他运用心理学和社会学知识，对人类的共同心理特点进行探讨和研究，开创并发展出一套独特的成人教育方式，一生中写作了《人性的弱点》、《美好的人生》、《人性的优点》、《快乐的人生》、《语言的突破》、《伟大的人物》等著作。

成为一个受欢迎的人

交友要有选择

> 只要你告诉我，你交往的是什么样的人，我就能说出你是什么人。
>
> ——歌 德

不是任何一个人都可以成为你的朋友，朋友能够影响你，你也能影响朋友。要对自己负责，对朋友负责，就要选择志同道合的人做朋友。

在一家日资企业，一天，各部门接到电话，下班之后在贵宾厅召开职工大会。有些人感到很纳闷，为什么放着会议室不去，而是去贵宾厅开会？因为在员工们眼里，日本人很机灵，甚至有人议论说："老板又在搞什么小把戏？"

当全厂人陆陆续续地走进贵宾厅时，眼前的一切简直把他们惊呆了。只见每张桌子上摆满了水果、饮料等各类食品。尤其是一名60岁的老门卫，看到眼前的一切，以为走错了地方，正要离开时正好碰上了老板，老板一看他要走，便毕恭毕敬地把他请了回来。

老板走上讲台，恭恭敬敬地向大家行礼，说："今天，把大伙召集起来，同大伙开一个聊天会。大家可以畅所欲言、提问题、讲困难，提意见或建议，说工厂的、家里的事都可以。"

人们看到老板不时地往工人手里塞苹果，热情地倒饮料，并微笑着同大伙打招呼，便积极地为工厂出谋划策。

老门卫激动地说："我这一辈子还是第一次开这样的会。一个看门的，本来就是在厂门口的，再踢一脚就出门了。老板看得起我们，我们看门的一定要好好干，看好这个家。"

此后，老门卫干活也更卖劲了，恨不得一天干上25小时。可是后来事情发生了变化，老门卫居然要和日本老板做朋友，他觉得日本老板尊重他是把他当成朋友了，他也要把老板当朋友。结果可想而知，老门卫永远也进不了日本老板的那个阶层，充其量他们顶多是见面点点头的熟人关系。老门卫感觉受到欺骗，回家务农了，这对他而言未必不是一件好事。

在这里，我们并不是提倡古时候那种"门第观念"，而是让大家知道交朋友要有选择，选择志同道合的人做朋友，要选择对自己有帮助的人。

现在许多青年，他们虽然有许多朋友，但并不是能够帮助或推动他们前进的那类朋友。他们选择了那些比自己差劲的人做朋友。结果是如果你习惯性地和比自己低级的人交往，你将在不知不觉中被拖下水。

找一个帮手很容易，而获得一个朋友很难，这两者的价值是不相同的。生活在一个全新的社会，虽然友谊的内涵变得丰富、深刻，但朋友的重要性仍然十分明显。

法国著名作家罗曼·罗兰说："友谊是毕生难觅的一笔珍贵财富。"

你可以广结朋友，也不妨对朋友用心善待，但绝不可以苛求朋友给你同样的回报，善待朋友是一件纯粹的快乐的事。如果苛求回报，快乐就会大打折扣，而且失望也同时隐伏。毕竟，你待他人好与他人待你好是两码事，就像给予与接受是两码事一样。

其实，交朋友不一定非要交有刎颈之情的朋友。在人心不古、情感浮泛的今天，想交一个"虽百里之遥，皆可相信，而不为浮言所动；闻有谤之者，却多方为辩析而后已；事之宜行宜止者，代为筹划决断；或事当利害关头，有所需而后济者，即不必与闻，亦不虑其负我与否"的朋友已绝非容易的事情。

降低一些标准，多一些宽容和理解，一般朋友也还是可以相交的。正所谓："赏花须结豪友，登山须结逸友，泛舟须结旷友，对月须结冷友，捉酒须结韵友。"依据不同情感层次的需要，结交不同层次的朋友，对开阔人生、增添情趣、认识社会总会有一些益处，而明白了"对渊博友，如读异书；对风雅友，如读名人诗文；对谨饬友，如读圣贤经传；对滑稽友，如阅传奇小说"的道理，则可以让你结交到为数不多，却有一定质量而又性情相投的朋友。

通过观察一个人的朋友，我们完全有可能大致推断出这个从未谋面的人的个性和品格。我们可以据此得知他大抵是一个怎么样的人，他是信守承诺的人，还是不可靠的甚至是阴险狡诈的人。

在中国现代史上，毛泽东与梁漱溟可谓一对能够坦诚相见的直友、谏友。青年毛泽东曾经在北大工作、求学，得到过当时在北大任教的梁漱溟的热情帮助。1938 年，时为民主人士的梁漱溟访问延安。在延安的窑洞里，毛泽东与他长谈 6 次。梁根据自己搞"乡村建设运动"的实践，认为最大的问题是"农民动不起来"。毛泽东当即打断他的话："你错了，农民是要动的，他哪里要静？"1950 年梁漱溟去华北、东北视察土地改革，看到农民积极热情和他当年自己搞农村改革遇到的冷淡形成鲜明对照。他公开承认：很明显，共产党的办法（尤其是他们的群众运动）是有效果的。

1953 年，中共中央邀请 100 多位民主人士征求对党的"总路线"的意见。梁漱溟在会上发了言，对中共的农村政策问题提出了一些意见，遭到毛泽东的批评。但梁漱溟并不因为毛泽东此时是中国的领袖便诚惶诚恐，而是坚持自己认为正确的意见。毛泽东当时虽然对他大加批评，但这一场交锋并没有影响两人的感情，他们依然保持着很好的友谊。

如果你选择了那些品质恶劣、不能真诚对人的人做朋友，则是人生的一大障碍。俗话说"近朱者赤，近墨者黑"，我们都听过许多青年人因交友不慎，在朋友的教唆下干出违法乱纪的事的例子。有时候我们会被那些为了友谊不讲原则、对朋友的缺点错误包容庇护而不加指正的人所迷惑，觉得对方"够朋友"，却不知这不是正确的交友之道。

还有的青少年受了江湖义气的影响，讲求"为朋友两肋插刀"。只讲义气，不重志向，谁给我好处，谁对我有用，就和谁交朋友，这只是小人的交友之道。

真正的友情并不依靠事业、祸福和身份，不依靠经历、地位和处境，它在本性上拒绝功利，拒绝归属，拒绝契约，它是独立人格之间的互相呼应和确认。所谓朋友，就是互相使对方活得更加温暖、更加自在的人。

上面讲的朋友，是真正意义上的朋友，是能够交心、一生交往的朋友。可是，现在这个社会要求我们交朋友要广要多。

交友的最好法则之一是：与之交往，但要保持弹性。人在社会上行走，必须靠朋友帮忙，虽然有些朋友不见得能帮你什么大忙，甚至还会拖累于你，但总的来讲，一个人没有朋友会无路可走！所以，一个人不仅要广交朋友，而且要充分动用朋友智慧，发挥他们的效力。但交友也不能乱交，如果你尽是交些不好的朋友，就会朋友越多，吃亏越多。

而现实中就有很多人交友时"弹性不足"，他们认为做人做事都应保持一个原则，交友也是如此，如：看不顺眼者不来往；兴趣不同者不接近；话不投机者懒得说；令人不愉快者断交。

这里所说的"朋友"是一种广义上的交友，而普通朋友和我们所说的"知音"、"知己"是有所区别的。当然，我们每个人做事都有自己的原则，这种交友的态度和原则也无可非议，但一个人在社会上行走，还要做事有点弹性，即灵活性为好，交友也是如此。交友要因人而异，在坚持一定原则的情况下保持弹性。

如果你对一个人看不顺眼，或与他话不投机，但这个人并不一定是"小人"，他们有可能成为对你有所帮助的君子，如果你一律拒绝，将来未免感到可惜。也许你会说，一个人话不投机、又看不顺眼，自己还要装出副样子去"应付"，这样做人做事未免太辛苦了。是的，这样是有一点你让你觉得委曲，但一个人要有一点这样的功夫，并且还要不让人感觉到你是在"应付"他们。要做到这样，只有敞开自己的心胸，主动去接纳他人。

如果他人因为某事得罪了你，或者你曾得罪过别人，双方心里确实有点不愉快，但绝对没有必要结仇；如果你觉得已经结仇，应主动化解僵局。俗话说，不打不相识。有了这次相交，也许你们会因此成为好朋友，或者关系不再那么僵化，至少你少了一个潜在的敌人。很多人就是难以做到这一点，因为他们就是拉不下脸！其实只要你放下自己的架子，采取主动的态度，你的这种气度会赢得对方的尊敬，因为是你先给了他面子。如果他还是故作高姿态，那是他的不对！不过化解僵局要找到一个合适的场合和时机，也就是说要有个借口！

有些人奉行一个原则，"不是朋友就是对手"，如果这样，敌人就会一直增加，朋友一直减少，最后让自己变得孤立；应该改变一下原则，"不是敌人，就是朋友"，这样朋友就会越来越多，敌人越来越少！

世上的一切都处于变化的状态之中，敌人会变成朋友，朋友也会变成敌人，这是一种社会现实。当朋友因某种缘故成为你的敌人时，你不必过于忧伤感叹，因为有一天他有可能再成为你的朋友！有了这种心态，你就能以一颗平常心来交友！

身价是交朋友的一大阻碍，也是树敌的一个原因，你千万不要以为你是博士，就不去理会一个勤杂工，在"交朋友的弹性"这件事上，这种自我标榜的身价会使你交不到真心的朋友！

如果能够做到上述弹性交友的法则，你就不用担心自己交不到朋友，不用担心自己的路走不通。

＞名人简介＜

歌德（1749 年－1832 年），德国著名诗人，欧洲启蒙运动后期最伟大的作家，是德国"狂飙突进"运动的中坚。歌德不仅善绘画，对自然科学也有广泛研究，其创作囊括抒情诗、无韵体自由诗、组诗、长篇叙事诗、牧童诗、历史诗，历史剧、悲剧、诗剧；长篇小说、短篇小说、教育小说、书信体小说和自传体诗歌、散文等各种体裁的文学作品。最著名的是书信体小说《少年维特之烦恼》、诗体哲理悲剧《浮士德》和长篇小说《威廉·迈斯特》。

尊重是友谊的桥梁

> 友谊的支柱是尊敬与依赖之心，是永不背叛朋友的诚实，以及为了一个崇高的理想而共同冲破苦难的勇气。
>
> ——池田大作

学会尊重别人，尊重别人的人格与尊严，不要强求别人的行为符合自己的心意。我们若在人际交往中运用好"尊重"这最起码的礼貌，就会给自己架起一座座通往每个人心灵的桥，我们的人生也会因此而变得更加精彩。

20年前的某日黄昏，有一名看似大学生的男孩徘徊在台北街头的一家自助餐店前，等到吃饭的客人大致都离开了，他才面带羞涩地走进店里。

"请给我一碗白饭，谢谢！"男孩低着头说。

店内刚创业的年轻老板夫妻，见他没有选菜，一阵纳闷，却也没有多问，立刻就盛了满满一碗的白饭递给他，男孩付钱的同时，不好意思地说了一句："我可以在饭上淋点菜汤吗？"

老板娘笑着回答："没关系，你尽管用，不要钱！"

男孩吃饭吃到一半，想到淋菜汤不必付钱，于是又多叫了一碗。"一碗不够是吗？我这次再给你盛多一点！"老板很热情地响应。

"不是的，我要拿回去装在便当盒里，明天带到学校当午餐！"

老板听了，在心里猜想，男孩可能来自南部乡下经济环境不是很好的家庭，为了不放弃读书的机会，独自一人北上求学，甚至可能半工半读，处境的困难可想而知，于是，悄悄在餐盒的底部先放入店里的招牌菜肉糟一大匙，还加了一个卤蛋，最后才将白饭满满覆盖上去，乍看之下，以为就只是白饭而已。

"谢谢，我吃饱了，再见！"男孩起身离开。

当男孩拿到沉甸甸的餐盒时，不禁回头望了老板夫妻一眼。

"要加油喔！明天见！"老板向男孩挥手致意，话语中透露出请男孩明天再来店里用餐。

男孩眼中泛起泪光，却也没有让老板夫妻看见。从此，男孩除了连续假日以外，几乎每天黄昏都会来，同样在店里吃一碗白饭，再外带一碗走，当然，带走的那一碗白饭底下，每天都藏着不一样的秘密，直到男孩毕业，往后的20年里，这家自助餐店再也不曾出现过男孩的身影了。

某一天，将近50岁的自助餐店老板夫妻，接到市政府强制拆除违章建筑店面的通告，中年失业，平日储蓄又都给了儿子在国外攻读学位，想到生活无依，经济陷入困境，不禁在店里抱头痛哭起来。就在这个时候，一位身穿名牌西装，像是大公司经理级的人物突然来访。

"你们好，我是某大企业的副总经理，我们总经理命我前来，希望能请你们在我们即将要启用的办公大楼里开自助餐厅，一切的设备与食材均由公司出资准备，你们仅带领厨师负责菜肴的烹煮，至于盈利的部分，你们和公司各占一半。

"你们公司的总经理是谁？为什么要对我们这么好？我们不记得认识这么高贵的人物！"老板夫妻一脸疑惑。

"你们夫妻是我们总经理的大恩人兼好朋友，总经理尤其喜欢吃你们店里的卤蛋和肉糟，我就只知道这么多。其他的，等你们见了面再谈吧！"

终于，那每次用餐只叫一碗白饭的男孩再度现身了，经过20年艰辛的创业，男孩成功地建立了自己的事业王国，眼前这一切，全都得感谢自助餐老板夫妻的鼓励与暗助，否则，他当初根本无法顺利完成学业。话过往事，老板夫妻打算告辞，总经理起身对他们深深一鞠躬并恭敬地说："加油喔！公司以后还需要你们帮忙，明天见！"

在给予别人施舍时也要照顾别人的自尊心。

尊重别人，别人才会尊重我们。任何人都有活着的理由、存在的价值，即使是最卑微的人也希望受到别人的尊重。因此，我们要想赢得别人的尊重，就必须学会首先尊重别人。

美国第一任总统——华盛顿曾经在选举问题上和一个名叫佩斯的人发生争吵，佩斯当场把华盛顿推倒在地。华盛顿部下想为其报仇，华盛顿阻止了他们。第二天华盛顿把佩斯约到酒店去，佩斯以为是一场决斗，但华盛顿却说："犯错误乃人之常情，纠正错误是光荣的事。昨天是我的不对，你在某种程度上已得到满足，如果你认为可以解决的话，请握我的手——让我们交朋友吧。"从此，佩斯成为一个热烈拥护华盛顿的人。

可见，尊重可以化干戈为玉帛，为我们赢得更多好朋友。

"己所不欲，勿施于人"，被公认为人际交往的黄金规则，而尊重是强化黄金规则的美德。我们以要求别人对待自己的方式来对待别人时，将使这个世界变成一个更加符合道德标准的场所。将尊重当作生活的组成部分的人更有可能呵护别人的权利。因为我们呵护别人，所以我们也得到别人的尊重。很多老师都反映，有懂得尊重人的学生在教室里真令人开心，因为他们能以更加正面的、更加关爱的态度为别人着想。

培养尊重别人的品质对真正做人和建立良好人际关系也至关重要。而且，因为尊重的前提是对所有的人都要以生来就有的价值和尊严加以对待，所以尊重也是我们拒绝暴力、非正义以及仇恨的基础。事实上，这种美德是我们在现在和未来的生活中的每个领域获得成功的关键所在。

在滑铁卢战役中大败拿破仑的英军元帅凯旋返回伦敦时，英国举办了一个相当隆重而盛大的庆祝宴会，不仅所有的士兵都参加了，而且还有许多名流和各阶层的人士。

晚宴开始，宾客落座，每人座前置一碗清水，这时候，竟有一位士兵端起清水喝了起来，所有的贵宾都窃笑不已，这个士兵不知自己为什么会被人取笑，整个脸都涨红了。

其实这碗清水是餐前洗手用的，士兵不懂得这一礼节，这才闹出笑话。

这时，元帅端起清水："各位，这位英勇的士兵在战斗中曾被围困在荒山，7天没喝到水，让我们用这碗清水来敬他一杯。"

宾客一听这话，不由得对那名士兵肃然起敬，士兵才从紧张的气氛中缓和过来。

很多时候帮助别人摆脱了难堪，呵护别人的自尊心，也是给自己一个台阶下。

如果你能在别人处在尴尬的境遇中，巧妙地为其化解难堪，这样于人于己都有好处。所以，怎样为别人打圆场，怎样呵护自尊心也是一门十分有用的交际技巧。

乔治·华盛顿是人所共知的美国第一任总统，就是他领导美国人民为了自由、为了独立浴血奋战。

很难想象，华盛顿一个人能使美国独立。仅凭一个人的力量，没有成千上万的人愿意听从华盛顿的召唤，华盛顿绝对不可能取得如此骄人的成功。

华盛顿为什么能成功呢？关键的因素之一就是华盛顿赢得了美国人的信任和敬重。他很懂得领导的艺术，他了解他人、尊重他人，了解人的情感。有一件小事很有说服力。

有一天，华盛顿身穿过膝的大衣独自一个人走出营房。他所遇到的士兵，没有一个认出他。在一个地方，他看到一个下士领着手下的士兵正在修筑街垒。

那位下士把自己的双手插在衣袋里，只是对抬着巨大的水泥块的士兵们发号施令。尽管下士的喉咙都快要喊破了，士兵们经过多次努力，还是不能把石头放到位置上。

士兵们的力气快要用完了，石块眼看着就要滚下来了。

这时，华盛顿已经疾步上前，用他强劲的臂膀顶住石块。这一援助很及时，石块终于放到了位置上。士兵们转过身，拥抱华盛顿，并表示感谢。

华盛顿问那个下士说："你为什么光喊加油而让自己的双手放在衣袋里？"

"你问我？难道你看不出我是这里的下士吗？"那下士鼻孔朝天，背着双手，很不以为然地回答说。

华盛顿听了那下士这样回答，就不慌不忙地解开自己的大衣纽扣向那个傲气十足的下士露出自己的军服，说："按衣服看，我就是上将。不过，下次再抬重东西时，你就叫上我。"

那个下士这时才知道自己面前是华盛顿本人，他一下子羞愧到了极点。但至此他也才真正懂得：伟大的人之所以伟大，就在于他平等地尊重所有的人，而不刻意高高在上，摆弄架子。

华盛顿和下士虽然职务高低不同，但无论大小，都是领导人物，无疑都有使别人尊重自己的需要，以便在组织做事中能产生最佳的做事效益。毫无疑问，在此方面，华盛顿获得了巨大的成功，而那下士如果一如既往，恐怕永难成功。两个人的差别就在于获取他人尊重的方法上。一种是时时处处都用自己的权势逼迫他人，使他人尊重自己，毫不顾及他人的情感。而华盛顿获取他人尊敬的方法是不滥用权势，不逼迫他人，一切顺乎人情。可想而知，当一个下士在上将跟前卖弄权势时，上将颜面何在？然而，华盛顿并不以为然，他并没有采取严厉的方式，对那下士的狂妄行径进行斥责，反而以一种恐怕连那下士也颇感意外的方式来处理问题，包容、豁达，给那下士留够了面子。然而效果恐怕比逼迫强千倍万倍。

当富兰克林还是个毛躁的年轻人时，有一天，一位教友会的老朋友把他叫到一旁，尖刻地训斥了他一顿：

"本杰明，你真是无可救药。你已经打击了每一位和你意见不同的人。没有人承受得起。你的朋友发觉，如果你在场，他们会很不自在。你知道得太多了，没有人再能教你什么，也没有人打算告诉你些什么，因为那样会吃力不讨好。因此，你不能再吸收新知识了，但你的旧知识又很有限。"

富兰克林接受了那次严厉的训斥。他发觉他正面临社交失败的命运，决定立即改掉傲慢、粗野的性格。

"我立下一条规矩，"富兰克林说，"绝不正面反对别人的意见，也不准自己太专断，我甚至不准许自己在文字或语言上措辞太肯定。我不说'当然'、'无疑'等，而改用'我想'、'我假设'、'我想象'或者'目前我看来是如此'这些语言。当别人陈述一件我不以为然的事时，我绝不立刻反驳，或立即指正他的错误。我会在回答的时候，表示在某些条件和情况下，他的意见没有错；但在目前这件事上，看来好像稍有两样，等等。我很快就领会到改变态度的收获：凡是我参与的谈话，气氛都融洽得多了。我以谦虚态度来表达自己的意见，不但容易被接受，更减少一些冲突。我发现自己有错时，也没有什么难堪的场面，而我碰巧是对的时候，更能使对方不固执己见而赞同我。"

尊重身边的每一个人，它能为你赢得更多的友谊，带来更多的成功的机会。

记住，嘲笑别人最终只能使自己被嘲笑。

英国著名作家萧伯纳很瘦。一天他碰到一位胖胖的绅士，那人奚落萧伯纳："一见到你，我就知道世上正在闹饥荒。"萧伯纳不慌不忙地说："一见到你，我就知道闹饥荒的原因了。"

绅士在奚落别人的同时也得到了应有的回报，只能自讨没趣。不懂得尊重别人的人只能自食其果。

所以，若想得到别人尊重，首先考虑一下我们是否尊重了别人。

当年老罗斯福做纽约州长时，曾完成了一件惊人的事业。他同政党领袖们相处极好，而又能使他们改革他们一向最不赞成的政事。

当一个重要的官职空缺应该填补时，他就约请政党首脑为之推荐人选。老罗斯福说："起初他们提出一位政党的小人物，我便对他们说用这样一位小人物不合乎良好的政治，民众一定不赞成。然后他们又会提出一个名字来，比第一位好不了多少。我就告诉他们说，任命这样一个人，恐怕还不合众望，不晓得他们还能不能再推荐一位更适宜的人。他们第三次推荐的人差不多可以了，但还不十分理想。于是我表示很感谢他们，请求他们再试一次，第四回说出来的人就很不错了。以后他们也许推出一位恰好就是我自己要挑选的那一位。表示感激之后，我便正式任用这人，而且我要让他们享受荣誉。我就对他们说：'我已经做了使你们高兴的事，现在轮到你们该给我做一点高兴的事了。'他们当真如此做了。他们赞成了重大的改革方案，如选举方案、税法及市公务法案等。"

老罗斯福遇事都同别人商量，并且尊重他们的意见，维护他们的自尊。老罗斯福遇到任命重要官吏时，他让政党首脑感觉到人选是他们挑定的，意见也是他们给的。

尊重别人，也就是尊重自己。任何人都想赢得别人的尊重，因此任何人都要去尊重别人。让自己养成尊重别人的良好习惯，就如同搭起了沟通心灵的桥梁。

每一个人都有着他的自尊心，如果你对他所说的话能够表示同意，这就是尊重他的意见，他在无形中把自己抬高了，而这抬高他的便是你，自然他对你十分高兴，愿意和你做朋友。反过来，你不能对他表示同意，这显然是你站在和他敌对的立场，你是他的敌人而不是友人，他能不为难你吗？

　　总之，顾及他人的心态及立场，尊重他人乃是相当重要的为人之道，也是成为朋友不可或缺的要素之一。因此，要有很多朋友，使自己成为一个受欢迎的人，就要做到尊重他人。

＞名 人 简 介＜

　　池田大作生于1928年，日本创价学会名誉会长、国际创价学会会长。1960年，池田大作继承户田城圣出任创价学会第三任会长。迄今，池田大作被誉为世界著名的佛教思想家、哲学家、教育家、社会活动家、作家、桂冠诗人、摄影家、世界文化名人、国际人道主义者。1983年获联合国和平奖，1989年获联合国难民专员公署的人道主义奖，1999年获爱因斯坦和平奖。在中国获得的奖项有：中国艺术贡献奖，中日友好"和平使者"、"人民友好使者"称号，中国文化交流贡献奖。

倾听让你更受欢迎

> 当朋友静默的时候，你的心仍要倾听他的心，因为在友谊里，不用言语，一切的思想，一切的愿望，一切的希冀，都在无声喜乐中发生而共享了。
>
> ——纪伯伦

让他人谈自己，一心一意地倾听，要有耐心，要抱有一种开阔的心胸，还要表现出你的真诚，那么无论走到哪里，你都会大受欢迎。

多年前，有一个贫苦的从荷兰移居来美的儿童，在学校下课后，为一家面包店擦窗，每星期赚半美元。他家非常贫寒，他平常每天到街上用篮子拣拾煤车送煤时掉在沟渠里的碎煤块。那个孩子叫弗兰克，一生仅受过 6 年的学校教育，但最后竟使自己成为美国新闻界一个最成功的杂志编辑。他怎么成功的？

他 13 岁离开学校，充任西联的童役。童役的生活是艰苦的，工作时间长，休息的时间很少，即使这样艰辛，弗兰克也没有放弃寻求受教育的意念。不但如此，他还努力进行自我教育。他把不坐车、不吃早饭的钱节省下来，买了一本《美国名人传全书》，如饥似渴地读起来。随后，他就写信给这些名人，请他们寄来他们童年时代阅读过的书籍。

他是一个善于倾听的人，他请求名人讲述自己的故事，他写信给那时正在竞选总统的加菲大将，问他是否确实曾一度在一条运河上做拉船童工，而加菲也复信给了他。他写信给格莱德将军，询问某一战役，格莱德给了一位14岁的孩子一张地图并邀请这位孩子吃晚饭，并且和他谈了一整夜。

他写信给爱默生并请求爱默生讲述关于他自己的经历。这位为西联送信的小孩不久便和全美最著名的人通信：爱默生、勃罗克、夏姆土、浪番洛、林肯夫人、爱尔各德、秀门将军及戴维斯。

他不但与这些名人通信，还利用假日去拜访他们，最终成为他们家里最受欢迎的客人。这些经验，使弗兰克产生了一种很强的自信心。这些名人的思想和作为激发了他的理想和志向，改变了他的人生。

弗兰克能静静地倾听对方的谈论，是他与这些名人交往的首要原则，也是他能取得成功的法宝。

假如你也想让大家都喜欢，那么就尊重别人，让对方觉得自己是个重要的人物，满足他的成就感，而最好的办法就是谈论他感兴趣的话题。千万不要喋喋不休地谈自己，而要让对方谈他的兴趣、他的学习、他的事业、他的爱好、他的成功和他的旅行等等。

约翰是尼可见到的最受欢迎的人士之一。他总能受到邀请，经常有人请他参加聚会，共进午餐，担任客座发言人，打高尔夫球或网球。

一天晚上，尼可碰巧到一个朋友家参加一次小型社交活动。他发现约翰和一个漂亮女士坐在一个角落里。出于好奇，尼可远远地注意了一段时间。尼可发现那位年轻女士一直在说，而约翰好像一句话也没说。他只是有时笑一笑，点一点头，仅此而已。几小时后，他们起身，谢过男女主人，走了。

第二天，尼可见到约翰时禁不住问道：

"昨天晚上我在威廉家看见你和最迷人的女孩在一起。她好像完全被你吸引住了。你怎么抓住她的注意力的？"

"很简单，"约翰说，"威廉太太把玛丽介绍给我，我只对她说：'你的皮肤晒得真漂亮，在冬季也这么漂亮，是怎么做的？你去哪呢？阿卡普尔科还是夏威夷？''夏威夷，'她说，'夏威夷永远都风景如画。''你能把一切都告诉我吗？'我说。'当然。'她回答。我们就找了个安静的角落，接下去的两个小时她一直在谈夏威夷。今天早晨玛丽打电话给我，说她很喜欢我陪她。她说很想再见到我，因为我是最有意思的谈伴。但说实话，我整个晚上没说几句话。"

看出约翰受欢迎的秘诀了吗？很简单，约翰只是让玛丽谈自己。他对每个人都这样——对他人说："请告诉我这一切。"这足以让一般人激动好几个小时，人们喜欢约翰就因为他注意他们。

学会聆听是一种美德。

人人都希望有一个倾诉对象，也希望别人了解自己。但是如果两个人都希望倾诉和被了解，却没有一个人愿意去听对方的话，这样，两个人就很难达成共识的。因此，如果你想被别人了解，你先得学会听别人倾诉。只有愿意了解别人的人，别人才愿意了解你。

约翰·洛克菲勒特别注重倾听。他所实行的决策都是经过倾听大家的意见，进行开诚布公的论证才下结论的。只有懂得倾听的人，才有可能在感情、事业、家庭等各方面取得成功，并且把握住别人错过的机会。

不要小瞧了倾听，倾听可以创造出令人难以预料的结果。如果你听了长者的劝告，人生道路上就会少走许多弯路；如果你注意倾听顾客真正的需求，就可以避免把金钱、时间浪费在别人根本就不需要的东西上。

一天，罗杰斯先生家里来了位客人，想要向他请教学问。罗杰斯先生抽空接待了他。

宾主落座之后，客人就滔滔不绝地讲个不停。从自己的生活、工作，及至家庭，又谈到自己的事业和研究，一口气说了大半天，罗杰斯先生几次想插话都未能成功。

罗杰斯先生静静地听着，过了一会儿，他走进厨房，端来了茶。他往客人的杯子里倒茶，虽然倒满了但是仍在继续倒，仿佛根本没有看见一样。

一旁高谈阔论的客人一开始觉得十分奇怪，看到罗杰斯先生还没有停下，水已经开始往外溢了，他终于忍不住了。

"你没看见杯子已经满了吗？"他说，"再也倒不进去了呀！"

"这倒是真的，"罗杰斯终于住了手，"和这个杯子一样，你自己已经装满了自己的想法，要是你不给我一只空杯子，我怎么给你讲呢？"

倾听是一门艺术，只有懂得并掌握这门艺术，才易于沟通、交流与合作。

倾听时要保持注意力，随时注意对方谈话的重点，在对方兴致正浓的时候，你要用眼、手或简短的语言来加以反馈，尤其是要表达出你关注的内容正是对方谈话的要害所在。

东京电话公司在几年前碰上了一个对电话接线生口吐恶言的最凶恶的用户。那个不讲理的用户拒绝缴付任何费用，说那些费用是无中生有。他写信给报社，到公共服务委员会去作了无数次的申诉，告了电话公司好几状。最后，电话公司派一个最干练的调解员去会见他。调解员静静地听着他说，让那位暴怒的用户痛痛快快地把他的不满一股脑儿地吐了出来，调解员不断地说"是的"以表示同情他，如此长达 6 小时之久。经过三四次的接触，那位用户变得友善起来了。调查员说："在第一次见面的时候，我甚至没有提出我去找他的原因。第二次、第三次也没有。但是第四次，我把这件事完全解决了。他把所有的账单都付了，而且撤销了那份申诉。"

无疑，那位用户实际上所要的是作为一个重要人物的感觉。他先以口出恶言和发牢骚的方式取得这种感觉，但他从电话公司的代表那儿得到了重要人物的感觉后，无中生有的牢骚就化为乌有了。

美国最有影响的人生导师卡耐基，一次到一个著名植物学家那里做客，整个晚上，那植物学家都津津有味地给卡耐基谈各种千奇百怪的植物。而卡耐基呢？听得津津有味，目不转睛，像个特别喜欢听故事的孩子，中间只是偶尔忍不住问一两句。

没想到，半夜离开时，植物学家紧握着卡耐基的手，显得特别高兴和满足，还兴奋地对卡耐基说："你是我遇到的最好的谈话专家。"

善于倾听，意味着要有足够的耐心去强迫自己对别人感兴趣。如果你认为生活像剧院，自己就站在舞台上，而别人只是观众，自己正在将表演的角色发挥得淋漓尽致，而别人也都注视着自己。如果你有这种习惯，那你会变得自高自大，以自我为中心，也永远学不会聆听，永远无法了解别人！

专心倾注于对你说话的人是非常重要的，再也没有比这么做更礼貌的了。常发牢骚的人，甚至最不容易讨好的人，在一个有耐心和同情心的听者面前，也常常会软化而屈服下来。

只谈论自己，只想到自己的人，是个不懂成功的人，因为他很难与人沟通，不会倾听。

聆听是一般人最容易忽略的一项美德。我们常习惯滔滔不绝地倾诉，却不会在安静中让自己的心保持平和，聆听天地的声音。

善于倾听对我们做好各种工作也非常重要。

在美国，曾有科学家对同一批受过训练的保险推销员进行过研究。因为这批推销员受同样培训，业绩却差异很大。科学家取其中业绩最好的 10% 和最差的 10% 作对照，研究他们每次推销时自己开口讲多长时间的话。

研究结果很有意思：业绩最差的那一部分，每次推销时说的话累计为 30 分钟；业绩最好的 10%，每次累计只有 12 分钟。

大家想，为什么只说 12 分钟的推销员业绩反而高呢？

很显然，他说得少，自然听得多。听得多，对顾客的各种情况、疑惑、内心想法自然了解很多，自然他会采取相应措施去解决问题，结果业绩自然优秀。

善于倾听对家庭、单位、一个企业还有这样的好处：

大家知道，日本松下电器驰名全球，它的创始人松下幸之助就特别善于倾听。他说，如果你手下的人提的意见、建议你都不听，那长此以往，他们就不愿再提了，脑子也不愿开动了。因为提了也没有用，听你的不就完了嘛！这样做的结果，手下的人还有积极性吗？脑子还会开动吗？智慧还能激发出来吗？显然不行，这样公司会死气沉沉。在企业是这样，在家里也是这样。

有人说，上帝创造人的时候，为什么只有一张嘴，却有两个耳朵呢？那是为了让我们少说多听。

做一个倾听者，那是我们在困难中都需要的，那常是愤怒的顾客所需要的，那也是一些不满意的雇员、感情受到伤害的朋友所需要的。

＞名 人 简 介＜

纪伯伦（1883 年 –1931 年），生于黎巴嫩北部山乡卜舍里。纪伯伦作为哲理诗人和杰出画家，和泰戈尔一样是带领近代东方文学走向世界的先驱。同时，他又是阿拉伯现代小说和艺术散文的主要奠基人、20 世纪阿拉伯新文学道路的开拓者之一。20 世纪 20 年代初，以纪伯伦为中坚和代表形成的阿拉伯第一个文学流派——叙美派曾闻名全球。

赞美是对他人价值的肯定

人性深处，无不渴望被赞赏。

——威廉·詹姆士

当减少批评，多多夸奖或赞美对方时，人所做的好事会增加，而比较不好的事会因受忽视而逐渐萎缩。

约翰·卡尔文·柯立芝于 1923 年登上美国总统宝座。这位总统以少言寡语出名，常被人们称作"沉默的卡尔"，但他也有出人意料的时候。

柯立芝有一位漂亮的女秘书，人虽长得不错，但工作中却常粗心出错。一天早晨，柯立芝看见秘书走进办公室，便对她说："今天你穿的这身衣服真漂亮，正适合你这样年轻漂亮的小姐。"

这几句话出自柯立芝口中，简直让秘书受宠若惊。柯立芝接着说："但也不要骄傲。我相信你的公文处理也能和你一样漂亮的。"果然从那天起，女秘书在公文上很少出错了。

一位朋友知道了这件事，就问柯立芝："这个方法很妙，你是怎么想出来的？"柯立芝得意扬扬地说："这很简单，你看见过理发师给人刮胡子吗？

他要先给人涂肥皂水，为什么呀，就是为了刮起来使人不痛。"

著名心理学家杰丝·雷耳曾说："就主动地温暖人类的灵魂而言，赞扬别人就像阳光一样，没有它，我们就无法成长开花。但是，我们大多数的人只是敏于躲避别人的冷言冷语，而我们自己却吝于把赞许的温暖阳光给予别人。"

许多年以前，一个10岁的小男孩在工厂里做工。他一直喜欢唱歌，梦想当一个歌星，但他的第一位老师不但没给他鼓励，反而使他泄气。这位老师说："你不适宜唱歌，你根本五音不全，简直就像百叶窗一样。"但男孩的母亲，一位穷苦的农妇却不以为然，她搂着自己的孩子，称赞他说："孩子，你能唱歌，你一定能把歌唱好。瞧你现在已经有了很大进步。"她节省下每一分钱给他的儿子用来上音乐课。这位母亲的嘉许给了孩子无穷的力量，也从此改变了他的一生。他的名字叫恩瑞哥·卡罗素，那个时代最伟大、最知名的歌剧演唱家。

假若在这个小男孩的童年，没有母亲的激励与赞许，只有那位老师的无情打击，这个世界也许失去了一位著名的歌剧家。

戴尔·卡耐基说：在你每天所到的地方，不妨多说几句感谢的话，留下一些友善的小小火花。你无法想象，这些小小的火花如何点燃起友谊的火焰。当你下次再到这个地方的时候，这友谊的火焰就会照亮你。

吝啬赞美，吝啬鼓励，吝啬感谢，别人还回来的是更加的吝啬。种瓜得瓜，种豆得豆，种下友谊收获朋友。善于赞美别人的人，是幸福的人，一支蜡烛不因点燃另一支蜡烛而降低自己的亮度，甚至在点燃的瞬间，自己更加辉煌！

真诚的赞美也是洛克菲勒管理人事成功的秘诀。爱德华·贝德福特是洛克菲勒的合伙人之一。在一次生意中，由于决策的失误，他使公司损失了近100万美元。当时，洛克菲勒完全有理由指责贝德福特，但他并没有这样做，因为他知道贝德福特已经尽力了，况且这件事也已经过去了。所以洛克菲勒另找其他的事，说他节省了50%的投资金额，以此称赞贝德福特。洛克菲勒赞美说："这简直太好了，我们并不能总是像巅峰时期那么好。"

人类除了维持生存的需要以外，仍有一种超越七情六欲之外，却又举足轻重的欲望，往往却很难得到满足，那就是杜威所谓的"渴望自己变得更重要、更有价值"。

林肯有一次在写信时，开门见山地说："任何人都喜欢受人奉承。"威廉·詹姆斯也说："人性深处最大的欲望，莫过于受到外界的认可与赞扬。"
而这种深藏心底的人性需求，其实也正是人兽区别之所在。

人类正是因为有这种渴望与价值的冲动，才会有人在一文不名、目不识丁、
帮人打杂的情况下，仍不惜花掉仅有的微薄工资，去买法律书来看，充实自己、
提高自己。这个可怜的杂工并非虚构，他就是美国总统林肯。

据一些权威人士表示，甚至有人会借着发疯来从他们的梦幻世界中寻求
这种满足。曾有人以此问题请教一家规模不小的精神病院的主治医生，他告
诉此人，有不少人选择发疯，是为了寻求他们在正常生活中无法获得的受重
视的感觉。

人们为求受重视，连发疯都在所不惜，试想如果我们肯多给人们一份尊重、
赞美，它的影响会有多大，多不可思议？

许多事业上卓有成效的人完全是因为他懂得取人之术。史瓦布说过一番
话，真的是金科玉律，值得大家铭记在心。他说："我最可贵的一项资产，
就是我具备了引发属下热诚与冲劲的能力，而要想鼓舞一个人，人尽其才，
最重要的就是要懂得给他们赞美和鼓励。天下最使人颓丧不振、冲劲全失的，
就是来自上级主管的批评、责骂，我从来不曾批评过任何人，我相信只有赞
美和鼓舞，才能刺激他们向上，使他们努力工作，如果碰上我由衷喜欢的事，
我会更不吝惜地予以夸赞、褒奖。"

希尔家附近有一家生意非常好的蔬菜店。经过长时间的观察，希尔终于
找出了它生意兴隆的原因。

原来这店里的每一位店员，都不断地与来买菜的人聊天。他们除了会向
客人打招呼之外，还不断地找客人的优点来夸赞。例如他们会向一位太太表示：
"你这件洋装很漂亮。"然后向另一位太太表示："你的发型很好看！"希尔
发现他们虽然不断地赞美别人，但却是按每一个客人的不同的个性，选择适
当的赞美词。

因此很自然地，这些客人在潜意识中，会产生到这家蔬菜店买菜就可以
受到赞美的心理，因而越来越喜欢到这家蔬菜店买菜。

如果我们每次见面都被人夸赞，自然而然地会想再见到这位赞美我们的
人，这是任何人都会有的心理。因此每次见面都找出对方的一个优点来赞美，
可以很快地拉近彼此间的距离。

一个叫迈克的小学生十分调皮，成人后在战场上壮烈牺牲，成为一位烈士。人们在检查他的遗物时发现衬衣口袋里有一张沾着鲜血的纸片，这是一张记满了迈克各种优点的纸片。原因是小学时小迈克特别调皮，但班主任并没有对他放弃不管。她知道要真正使一个调皮的孩子发生变化，重要的不是寻找他的问题，那样会适得其反，最重要的是能发现他的优点，捕捉他的优点，甚至用放大镜放大的方式，使他细微的优点更清晰可见。于是她发动全班同学，每个人说出小迈克的优点和长处，然后由小迈克自己一一记在纸上。没想到就这样一张纸片，他一直珍藏在自己的衬衣口袋内，直到生命的最后一刻，让鲜血将它染红。

因此，用欣赏的目光，去发现别人的长处，去真诚地赞赏和鼓励每一个人，将会产生怎样的奇迹？

社区内新开设的店都装上了自动门，可是附近有一家超级市场却没有装设。在每天早晨和下午太太们纷纷去买东西的时候，有个小男孩总站在超级市场玻璃门外，看到手里大包小包的太太，就替她们拉开大门，让她们从容他走出来。

一次，有位太太问那小男孩："你看门看了这么多日子，一定得到了许多小费，你拿来做什么用？"

那小孩有点诧异地回答："什么？她们都没有给我钱，可是她们都对我说：'你好棒！''谢谢你！'"

赞美就像浇在玫瑰上的水。赞美别人并不费力，只要几秒钟，便能满足人们内心的强烈需求。看看我们所遇到的每个人，寻觅他们值得赞美的地方，然后加以赞美。

查理·夏布是全美当时少数年收入超过 100 万美元的商人之一。1921 年，安德鲁·卡内基慧眼独具，提名夏布为新成立的美国钢铁公司第一任总裁，那时夏布才 38 岁。夏布后来离开了美国钢铁公司，接管当时陷入困境的贝氏拉罕钢铁公司，经过他的重新部署，果然使这家钢铁公司变为全美获利最大的公司之一。

为什么安德鲁·卡内基每年要花 100 万美元聘请夏布先生呢？难道夏布先生确实是个了不起的天才？还是夏布先生对钢铁生产比别人懂得多？都不是。夏布先生说，在他手下工作的许多人对钢铁制造其实都懂得比他多。

夏布说他之所以获得高薪，主要是因为他善于处理人事，管理人事。他的朋友问他如何做到这一点，他讲了下面这段话——这段话应该铭刻在铜版上，悬挂在每个家庭、学校、商店和办公室里。只要我们还活着，这段话就会改变你我的生活面貌。

"我想，我天生具有引发人们热情的能力。促使人将自身能力发展到极限的最好办法，就是赞赏和鼓励。"

"来自长辈或上司的批评，最容易使一个人丧失志气。我从不批评他人，我相信奖励是使人工作的原动力。所以，我喜欢赞美而讨厌吹毛求疵。如果说我喜欢什么，那就是真诚、慷慨地赞美他人。"

这就是夏布成功的秘诀。

"生活中，我广泛接触过世界各地不同层面的人，"夏布说道，"我发现，无论多么伟大或尊贵的人，他们和平常人一样，在受到认可的情况下，比在遭受指责的情形之下，更能奋发工作，成绩也更好。"

人的生命只有一次，所以，任何能贡献出来的好与善，我们都应现在就去做，比如去赞美他人。不要迟缓，不要怠慢，真诚地表示你的友善，去赞美和欣赏他人。

我们不要老是想着自己的成就和需要，而应尽量去发现别人的优点，然后，不是逢迎，而是出自真诚地去赞赏他们。要"真诚、慷慨地赞美"，而人们也会把你的言语珍藏在记忆里，终生不忘。

请记住：如果你把别人看成是魔鬼，你就会生活在地狱中；如果你把别人看成是天使，你就会生活在天堂里。当你批评人时，要咬住舌头；当你赞美人时，要高声表达。

＞名 人 简 介 ＜

威廉·詹姆士（1842 年 -1910 年），美国最早的实验心理学家和 哲学家。他和查尔斯·桑德斯·皮尔斯一起建立了实用主义。其主要著作有《信仰意志》、《实用主义——若干老想法的一个新名称》等。

良好的人际关系让你受益终身

人人都能因被人认识而得益。

——莫洛亚

真正的友情是我们宝贵的财富，为了友情，我们甚至可以放弃生命。

在越南有这样一个故事：

几发炮弹突然落在一个小村庄的一所由传教士创办的孤儿院里。传教士和两名儿童当场被炸死，还有几名儿童受伤，其中有一个小姑娘，大约8岁。

村里人立刻向附近的小镇要求紧急医护救援，这个小镇和美军有通讯联系。终于，美国海军的一名医生和护士带着救护用品赶到了。经过查看，这个小姑娘的伤最严重，如果不立刻抢救，她就会因为休克和流血过多而死去。

输血迫在眉睫，但得有一个与她血型相同的献血者。经过迅速验血表明，两名美国人都不具有她的血型，但几名未受伤的孤儿却可以给她输血。

医生用掺和着英语的越南语，护士讲着仅相当于高中水平的法语，加上临时编出来的大量手势，竭力想让他们幼小而惊恐的听众知道，如果他们不能补足这个小姑娘失去的血，她一定会死去。

他们询问是否有人愿意献血。一阵沉默做了回答。每个人都睁大了眼睛迷惑地望着他们。过了一会儿，一只小手缓慢而颤抖地举了起来，但忽然又放下了，然后又一次举起来。

"噢，谢谢你。"护士用法语说，"你叫什么名字？"

"恒。"小男孩很快躺在草垫上。他的胳膊被酒精擦拭以后，一根针扎进他的血管。

输血过程中，恒一动不动，一句话也不说。

过了一会儿，他忽然抽泣了一下，全身颤抖，并迅速用一只手捂住了脸。

"疼吗，恒？"医生问道。恒摇摇头，但一会儿，他又开始呜咽，并再一次试图用手掩盖他的痛苦。医生问他是否针刺痛了他。他又摇了摇头。

医疗队觉得有点不对头。就在此刻，一名越南护士赶来援助。她看见小男孩痛苦的样子，用极快的越语向他询问，听完他的回答，护士用轻柔的声音安慰他。顷刻之后，他停止了哭泣，用疑惑的目光看着那位越南护士。护士向他点点头，一种消除了顾虑与痛苦的释然表情立刻浮现在他的脸上。

越南护士轻声对两位美国人说："他误会了你们的意思，以为自己就要死了。他认为你们让他把所有的鲜血都给那个小姑娘，以便让她活下来。"

"但是他为什么愿意这样做呢？"海军护士问。

这个越南护士转身问这个小男孩："你为什么愿意这样做呢？"

小男孩只回答："她是我的朋友。"

朋友就是你能信任他、他也了解你的人。朋友能分享我们的成功带来的喜悦而不忌妒；能倾听我们的烦恼，给我们有益的建议而不泄露隐私；能在我们需要的时候给予适当的帮助而不求回报。

"一个篱笆三个桩，一个好汉三个帮。"这句古老的谚语告诉我们朋友的重要性。

大约4个世纪以前，英国大学者培根曾评论友谊："友谊能使欢乐加倍，把悲伤减少一半。"

在今天，友谊仍然具有相同的重要性——也许更重要，因为今天的生活压力太大了，我们更需要友谊的滋润。这里所说的并不是那种"酒肉朋友"，而是忠诚、患难与共、相互扶持的友谊，这是人类关系中最佳的一种。

人是群居的高级动物，一个人不论你多么坚强，多有成就，依然要靠你和别人的关系，即与他人互相扶持，才能持久，才能够保持你的重要性；否则自行其道只会垮下来。

一个日本人觉得自己住了几十年的房子显得有点陈旧，想重新装修一下，在装修的过程中，拆开一面墙壁。日本一般普通住宅的墙是中间夹块木板，两边是泥土。他拆墙时，发现一只壁虎困在那里，尾巴被固定住，只有头和身子可以动。一根从外面钉到里面的钉子，钉住了它的尾巴。主人很惊讶，那钉子是10年前装修房子时留下的，这说明这只壁虎在墙壁里已经整整10年了。这位日本人心想，这10年，被钉住尾巴无法活动的它，是靠什么生存下来的呢？他对这件事发生了浓厚的兴趣。他想了解一下这只壁虎是如何寻找食物活下来的。于是他退在一个角落时，静静观察。

过了不久，意外出现了，从另一端爬来一只壁虎，嘴里含着食物，然后放在那只被钉住的壁虎嘴角。主人一下被感动了。为了挽救被钉住不能动的壁虎，另一只壁虎这10年里一直在喂它。一只壁虎无怨无悔，从不间断地为另一个壁虎服务了10年，真让人叹为观止。

动物的感情尚能如此，相信朋友对我们会更重要的。无论在生活上、学习上还是工作上，朋友对我们的帮助总是很大，有了这样一些好朋友，我们就有了享用不尽的财富。

小王和小高是老邻居，小高来自西北地区一个偏僻的小县城，大学毕业后他们在一起工作，小高比小王早来5年左右。由于同在一间办公室上班，更加熟络起来。小高是个非常敬业的人，几乎每天都要加班，尽管他们的工作并不忙，但每个周末小高都会来办公室看看。大家都认为他是个"工作狂"。生活上，小高非常爽快，也非常喜欢结交朋友，跟大家一块打牌、玩球。周末，小高经常会把小王他们这帮单身招呼到他家吃饭，最多的一次，居然去了20多个人，50多平方米的房子一下子拥挤不堪，年轻人在一起当然总是闹得很，一顿饭吃了他们家半袋面——就是吃饺子。他的妻子也为此忙得不亦乐乎。正因为常来常往，大家对他了解得越来越多。后来，单位调来一个领导，居然是小王父亲的老同学，这实在是个凑巧。一次小王去看望这位长辈，话间谈到了小高，小王只是按照自己的观点表达了对一个人的看法，完全是拉家常，没有任何目的或者意图。没想到这成了一次机缘，小高被安排担任一个项目的设计师，他本来就是一个天分极高的人，又非常勤奋，项目得到了上上下下的赞赏和钦佩。现在小高已经成了总设计师了。小高总认为是小王帮了他不少忙。其实，纯属偶然。但正由于这些，小王和小高两家比以前交往更多、更深了。成就千秋伟业固然需要群雄汇集在周围，但平常人的事业和生活也会有自己特有的方式，这是人际交往的魅力。

没有人不需要朋友。儿时需要玩的朋友；长大了需要共事的朋友；年老了需要说话的朋友。需要朋友犹如鱼儿需要水、生命需要氧气。培根说过："缺乏真正的朋友乃是最纯粹最可怜的孤独，没有友谊则斯世不过是一片荒野。"

有了朋友，你才会在工作和生活中有踏实的感觉。

交友要慎重，交友贵在交心、交人品。酒肉朋友不交，势利小人不交，阳奉阴违者不交，为富不仁者不交，倚权仗势者不交，欺小恶老者不交，口是心非者不交，无信无德者不交，恃强凌弱者不交。

那么，择友的标准又是什么呢？《后汉书·刘陶传》中说刘陶："所与交友，必也同志。"《国语》中说："同德则同心，同心则同志。"孟轲告诫人们："人之相识，贵在相知；人之相知，贵在知心。"《韩诗外传》说："同明相见，同音相闻，同志相从。"晋人傅玄在《何当行》中讲："同声自相应，同心自相知。外合不由中，虽固终必离。管鲍不出世，结合安可为。"他们都强调了"同心"、"同志"。古希腊哲学家德谟克里特指出："只有那些有共同利害关系的才是朋友。"

友有"益友""损友"之不同。孔子说"益者三友：友直、友谅、友多闻，益矣"；"损者三友：友便辟、友善柔、友便佞，损矣"。就是说，要与正直的、诚恳的、见闻广博的人交朋友，这才有益；同谄媚奉承、当面恭维、背后诽谤，喜欢夸夸其谈的人交朋友，那是有害的。交益友，在品德上可以互相砥砺，在工作上能够互相促进，生活上可以互相照顾，有了困难互相帮助，有了缺点能够互相规劝、批评，在学识上能够互相取长补短，这对一个人的成长进步无疑大有好处；反之，交了"损友"，当面说好话，净给你"灌迷魂汤"，背后却耍手腕、使绊子，甚至攻讦戕害，那自然是有害无益、有损无补了。有的人犯错误，栽跟头，除了主观上的原因，从客观上说，与交上了"损友"有很大关系。

朋友交得好，可以在事业上支持你，在精神上慰藉你；交得不好，常常会惹上闲气，甚而引出数不清、想不到的遗憾。交友应带侠气，做人常存素心，才会享受到被友情滋润的人生。

　　拥有真诚友谊的人，比百万富翁或亿万富翁更富有——你可以失去金钱，但不可没有朋友。

　　朋友是自己的一笔财富，多个朋友多条路，朋友多会对你未来的生活产生奇妙的影响。

>名人简介<

　　安德烈·莫洛亚(1885 年－1967 年)，法国两次世界大战之间登上文坛的重要作家。出生于工厂主家庭，早年曾在工厂主持厂务。第一次世界大战时，应征服役，奉派至苏格兰第九师，担任英军与法国炮队之间的翻译联络官。其间根据军旅生活所见所闻，写成《布朗勃尔上校的沉默》(1918 年)一书，一举成名。战后离开工厂，潜心文学创作，代表作有《非神非兽》、《氛围》、《雪莱传》、《拜伦传》、《屠格涅夫传》等。